U0328825

国家出版基金资助项目

现代数学中的著名定理纵横谈丛书

丛书主编　王梓坤

ALEXANDROV THEOREM—
PLANE CONVEX FIGURE AND CONVEX POLYHEDRON

Alexandrov定理
——平面凸图形与凸多面体

杨世明 编译

内容简介

本书深入浅出地介绍了凸图形及凸多面体的理论，注重基本概念和基本方法的阐述，全部论证限制在初等数学范围之内. 阅读本书，不仅可使读者在中学阶段学习的几何知识大为充实和丰富起来，而且对读者以后学习高等数学，如多元函数微积分、微分几何、线性代数、拓扑学等，奠定空间想象能力和逻辑思维能力的坚实基础.

图书在版编目(CIP)数据

Alexandrov 定理：平面凸图形与凸多面体/ 杨世明编译. —哈尔滨：哈尔滨工业大学出版社，2018. 1
(现代数学中的著名定理纵横谈丛书)
ISBN 978 - 7 - 5603 - 6983 - 9

Ⅰ. ①A… Ⅱ. ①杨… Ⅲ. ①几何学 - 定理
Ⅳ. ①018

中国版本图书馆 CIP 数据核字(2017)第 239075 号

策划编辑　刘培杰　张永芹
责任编辑　张永芹　聂兆慈
封面设计　孙茵艾
出版发行　哈尔滨工业大学出版社
社　　址　哈尔滨市南岗区复华四道街 10 号　邮编 150006
传　　真　0451 - 86414749
网　　址　http://hitpress. hit. edu. cn
印　　刷　黑龙江艺德印刷有限责任公司
开　　本　787mm × 960mm　1/16　印张 14. 5　字数 162 千字
版　　次　2018 年 1 月第 1 版　2018 年 1 月第 1 次印刷
书　　号　ISBN 978 - 7 - 5603 - 6983 - 9
定　　价　58. 00 元

(如因印装质量问题影响阅读，我社负责调换)

⊙代序

读书的乐趣

你最喜爱什么——书籍.

你经常去哪里——书店.

你最大的乐趣是什么——读书.

这是友人提出的问题和我的回答.真的,我这一辈子算是和书籍,特别是好书结下了不解之缘.有人说,读书要费那么大的劲,又发不了财,读它做什么?我却至今不悔,不仅不悔,反而情趣越来越浓.想当年,我也曾爱打球,也曾爱下棋,对操琴也有兴趣,还登台伴奏过.但后来却都一一断交,“终身不复鼓琴”.那原因便是怕花费时间,玩物丧志,误了我的大事——求学.这当然过激了一些.剩下来唯有读书一事,自幼至今,无日少废,谓之书痴也可,谓之书橱也可,管它呢,人各有志,不可相强.我的一生大志,便是教书,而当教师,不多读书是不行的.

读好书是一种乐趣,一种情操;一种向全世界古往今来的伟人和名人求教的方法，一种和他们展开讨论的方式；一封出席各种活动、体验各种生活、结识各种人物的邀请信；一张迈进科学宫殿和未知世界的入场券；一股改造自己、丰富自己的强大力量. 书籍是全人类有史以来共同创造的财富，是永不枯竭的智慧的源泉. 失意时读书，可以使人重整旗鼓；得意时读书，可以使人头脑清醒；疑难时读书，可以得到解答或启示；年轻人读书，可明奋进之道；年老人读书，能知健神之理. 浩浩乎！洋洋乎！如临大海，或波涛汹涌，或清风微拂，取之不尽，用之不竭. 吾于读书，无疑义矣，三日不读，则头脑麻木，心摇摇无主.

潜能需要激发

我和书籍结缘，开始于一次非常偶然的机会. 大概是八九岁吧，家里穷得揭不开锅，我每天从早到晚都要去田园里帮工. 一天，偶然从旧木柜阴湿的角落里，找到一本蜡光纸的小书，自然很破了. 屋内光线暗淡，又是黄昏时分，只好拿到大门外去看. 封面已经脱落，扉页上写的是《薛仁贵征东》. 管它呢，且往下看. 第一回的标题已忘记，只是那首开卷诗不知为什么至今仍记忆犹新：

日出遥遥一点红，飘飘四海影无踪.

三岁孩童千两价，保主跨海去征东.

第一句指山东，二、三两句分别点出薛仁贵(雪、人贵). 那时识字很少，半看半猜，居然引起了我极大的兴趣，同时也教我认识了许多生字. 这是我有生以来独立看的第一本书. 尝到甜头以后，我便千方百计去找书，向小朋友借，到亲友家找，居然断断续续看了《薛丁山征西》《彭公案》《二度梅》等，樊梨花便成了我心中的女英雄.我真入迷了.从此,放牛也罢,车水也罢,我总要带一本书,还练出了边走田间小路边读书的本领,读得津津有味,不知人间别有他事.

当我们安静下来回想往事时,往往会发现一些偶然的小事却影响了自己的一生.如果不是找到那本《薛仁贵征东》,我的好学心也许激发不起来.我这一生,也许会走另一条路.人的潜能,好比一座汽油库,星星之火,可以使它雷声隆隆、光照天地;但若少了这粒火星,它便会成为一潭死水,永归沉寂.

抄,总抄得起

好不容易上了中学,做完功课还有点时间,便常光顾图书馆.好书借了实在舍不得还,但买不到也买不起,便下决心动手抄书.抄,总抄得起.我抄过林语堂写的《高级英文法》,抄过英文的《英文典大全》,还抄过《孙子兵法》,这本书实在爱得狠了,竟一口气抄了两份.人们虽知抄书之苦,未知抄书之益,抄完毫末俱见,一览无余,胜读十遍.

始于精于一,返于精于博

关于康有为的教学法,他的弟子梁启超说:"康先生之教,专标专精、涉猎二条,无专精则不能成,无涉猎则不能通也."可见康有为强烈要求学生把专精和广博(即"涉猎")相结合.

在先后次序上,我认为要从精于一开始.首先应集中精力学好专业,并在专业的科研中做出成绩,然后逐步扩大领域,力求多方面的精.年轻时,我曾精读杜布(J. L. Doob)的《随机过程论》,哈尔莫斯(P. R. Halmos)的《测度论》等世界数学名著,使我终身受益.简言之,即"始于精于一,返于精于博".正如中国革命一样,必须先有一块根据地,站稳后再开创几块,最后连成一片.

丰富我文采,澡雪我精神

辛苦了一周,人相当疲劳了,每到星期六,我便到旧书店走走,这已成为生活中的一部分,多年如此.一次,偶然看到一套《纲鉴易知录》,编者之一便是选编《古文观止》的吴楚材.这部书提纲挈领地讲中国历史,上自盘古氏,直到明末,记事简明,文字古雅,又富于故事性,便把这部书从头到尾读了一遍.从此启发了我读史书的兴趣.

我爱读中国的古典小说,例如《三国演义》和《东周列国志》.我常对人说,这两部书简直是世界上政治阴谋诡计大全.即以近年来极时髦的人质问题(伊朗人质、劫机人质等),这些书中早就有了,秦始皇的父亲便是受害者,堪称"人质之父".

《庄子》超尘绝俗,不屑于名利.其中"秋水""解牛"诸篇,诚绝唱也.《论语》束身严谨,勇于面世,"己所不欲,勿施于人",有长者之风.司马迁的《报任少卿书》,读之我心两伤,既伤少卿,又伤司马;我不知道少卿是否收到这封信,希望有人做点研究.我也爱读鲁迅的杂文,果戈理、梅里美的小说.我非常敬重文天祥、秋瑾的人品,常记他们的诗句:"人生自古谁无死,留取丹心照汗青""休言女子非英物,夜夜龙泉壁上鸣".唐诗、宋词、《西厢记》《牡丹亭》,丰富我文采,澡雪我精神,其中精粹,实是人间神品.

读了邓拓的《燕山夜话》,既叹服其广博,也使我动了写《科学发现纵横谈》的心.不料这本小册子竟给我招来了上千封鼓励信.以后人们便写出了许许多多的"纵横谈".

从学生时代起,我就喜读方法论方面的论著.我想,做什么事情都要讲究方法,追求效率、效果和效益,方法好能事半而功倍.我很留心一些著名科学家、文学家写的心得体会和经验.我曾惊讶为什么巴尔扎克在51年短短的一生中能写出上百本书,并从他的传记中去寻找答案.文史哲和科学的海洋无边无际,先哲们的明智之光沐浴着人们的心灵,我衷心感谢他们的恩惠.

读书的另一面

以上我谈了读书的好处,现在要回过头来说说事情的另一面.

读书要选择.世上有各种各样的书:有的不值一看,有的只值看20分钟,有的可看5年,有的可保存一辈子,有的将永远不朽.即使是不朽的超级名著,由于我们的精力与时间有限,也必须加以选择.决不要看坏书,对一般书,要学会速读.

读书要多思考.应该想想,作者说得对吗?完全吗?适合今天的情况吗?从书本中迅速获得效果的好办法是有的放矢地读书,带着问题去读,或偏重某一方面去读.这时我们的思维处于主动寻找的地位,就像猎人追找猎物一样主动,很快就能找到答案,或者发现书中的问题.

有的书浏览即止,有的要读出声来,有的要心头记住,有的要笔头记录.对重要的专业书或名著,要勤做笔记,"不动笔墨不读书".动脑加动手,手脑并用,既可加深理解,又可避忘备查,特别是自己的灵感,更要及时抓住.清代章学诚在《文史通义》中说:"札记之功必不可少,如不札记,则无穷妙绪如雨珠落大海矣."

许多大事业、大作品,都是长期积累和短期突击相结合的产物.涓涓不息,将成江河;无此涓涓,何来江河?

爱好读书是许多伟人的共同特性,不仅学者专家如此,一些大政治家、大军事家也如此.曹操、康熙、拿破仑、毛泽东都是手不释卷,嗜书如命的人.他们的巨大成就与毕生刻苦自学密切相关.

王梓坤

◎编译者的话

几何学是数学的主要分支之一，平面几何和立体几何(包括平面及空间解析几何)是几何学的基本组成部分. 凸图形和凸体的理论在现代数学中起着越来越重要的作用.

若干年来，国内外中学数学教育教学改革的经验教训，使越来越多的人认识到几何学的重大教育价值和实用价值，认识到几何学在初等数学教育中的不可或缺的地位. 我国现行的中学数学教材中，平面图形中介绍了三角形、平行四边形、梯形、圆、椭圆和正多边形的一些知识；立体几何中介绍了柱、锥、台、球的概念和简单性质. 至于凸图形、凸多边形、凸多面体、凸体及其表面的一般理论几乎没有涉及，这就使学生升入高等学校以后,在学习多元函数微积分、微分几何、线性代数、拓扑学等基础数学和运筹学、计算方法等应用数学课程时,缺乏几何直观的能力和背景知识,对有关内容的理解也存在着障碍.因此,需要一些关于凸图形和凸体方面的课外读物,以填补这个空缺.

苏联著名几何学家柳斯杰尔尼克(Л. Люстерник)在著名数学家亚历山大洛夫的支持下编写的《凸图形与凸多面体》一书,正好适合了这方面的需要.浏览一下目录就会发现,该书是多么丰富有趣.它不仅深入浅出地介绍了凸图形及凸多面体理论的各个方面,而且十分注意这个领域的基本概念和基本方法的阐述,并把全部论证限制在初等数学的范围之内,以便使高中二、三年级的学生及大学低年级的学生可以领会全部内容.

但该书是为苏联青年数学爱好者编写的.为了尽可能同我国现行数学教学大纲和教材衔接,同我国学生的实际知识和能力相适应,我们采取了"编译"的方式,既保持原文生动、深入浅出的风格,又尽量使用我国教材的习惯用语和符号,以减少阅读时的困难.同时,对原书做了适当增删,在每章后面还配备了一定数量的习题,供读者练习之用.

最后还应指出,为了使读者了解费马问题研究的历史和现状,我们补写了"维维安尼定理与费马问题"(§38)一节,这是非常生动有趣的篇章,而且和中学教材联系得非常密切.

由于笔者的水平和资料来源等的限制,本书中疏误在所难免,请读者批评指正.

杨 之

2017 年 8 月于天津

目录

凸图形与凸体

第1章

§1 平面凸图形

有界与无界凸图形 我们在初等几何的教科书中,已经见过了不少凸图形,如凸多边形、圆等.

如果一个图形包含联结它的任意两点的整个线段,那么这图形就叫作凸的(图1). 圆、半圆、椭圆都是凸图形,所有三角形也都是凸图形. 四边形中有凸的(如平行四边形),也有凹的(图2). 中心

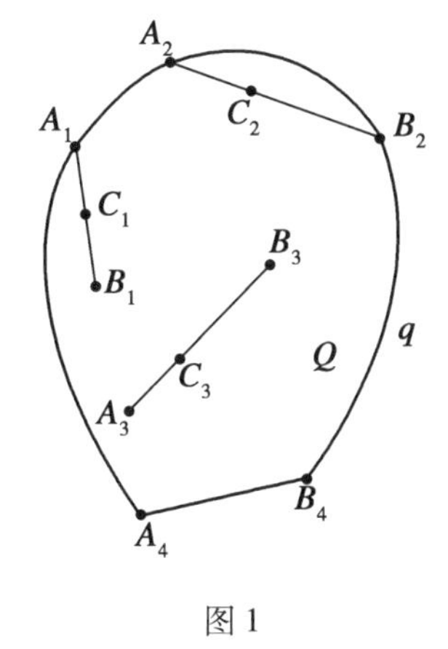

图1

角小于(或等于)180°的扇形是凸的,否则是凹的.

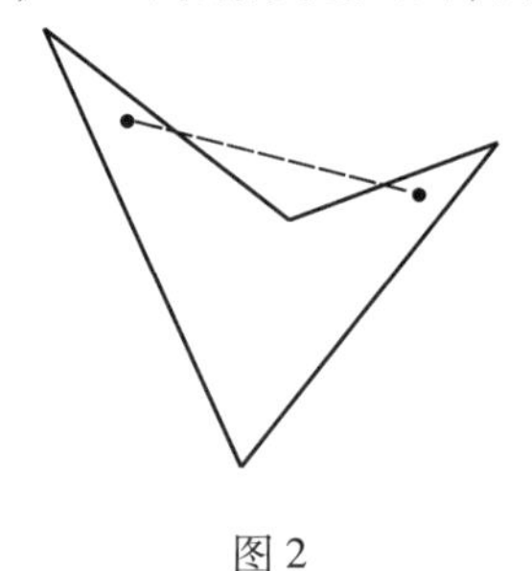

图 2

如果一个凸图形能被一个半径有限的圆所包含,就称为有界,反之即为无界.上面所举的都是有界凸图形,全平面是无界凸图形.一条直线把平面分成两个半平面,半平面、两条平行线之间的带形,也都是无界凸图形.由一点出发引不共线的两条射线分平面为两部分:两个角,其中小于 180°的角是无界凸图形,另一个大于 180°的角是无界凹图形.

关于图形和凸图形的严格定义,将在第 6 章给出.

零维、一维和二维凸图形 直线是凸图形,因为如果一条线段 AB 的端点 A,B 在直线上,那么整个线段在直线上.同样,任何射线、线段也都是凸图形,它们是直线上仅有的两种(异于本身的)凸部分.

直线、射线、线段叫作一维凸图形;其余的平面凸图形叫作二维的,即点不全在同一直线上的平面凸图形.

设 Q 是二维凸图形(图 3),A 和 B 是 Q 上两点,q 是过 A,B 两点的直线.因 Q 的点不全属于 q,因此 Q 中有不共线的三点 A,B,C.现在证明 Q 包含 $\triangle ABC$.

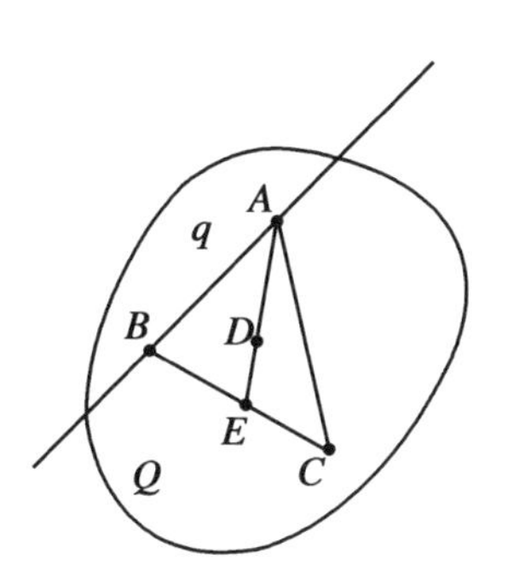

图3

定理1　如果凸图形 Q 包含不共线的三点 A,B 和 C,那么 Q 包含整个 $\triangle ABC$.

事实上,因 Q 是凸图形,既然它包含了三点 A,B,C,则必包含 $\triangle ABC$ 的三边 AB,BC,CA. 设 D 为 $\triangle ABC$ 内任一点,连 AD 延长交 BC 于 E,则 E 属于 Q,Q 包含 AE,因此 D 属于 Q. 于是 Q 包含整个 $\triangle ABC$.

该定理对空间情形也是正确的.

推论1　包含不共线的三点 A,B,C 的最小凸图形是 $\triangle ABC$.

推论2　直线、射线和线段以外的任何线不可能是凸图形.

这是因为凸图形或为直线及直线的一部分,或包含一个三角形而不再是线.

我们把一点也看作凸图形,称为零维凸图形.

平面凸图形的内部和边界　按照二维凸图形 Q 可把平面上的点分为:

(1)Q 外部的点,即不属于 Q 的点. 围绕任何外点可适当作出整个在 Q 外部的圆(图4中的点 C).

(2)Q 本身的点,这可分为:(a)Q 的内点,围绕任何内点可适当作出整个在 Q 内部的圆(图 4 中的点 A);(b)Q 的边点,围绕边点所作的每个圆都既含内点,又含外点(图 4 中的点 B).

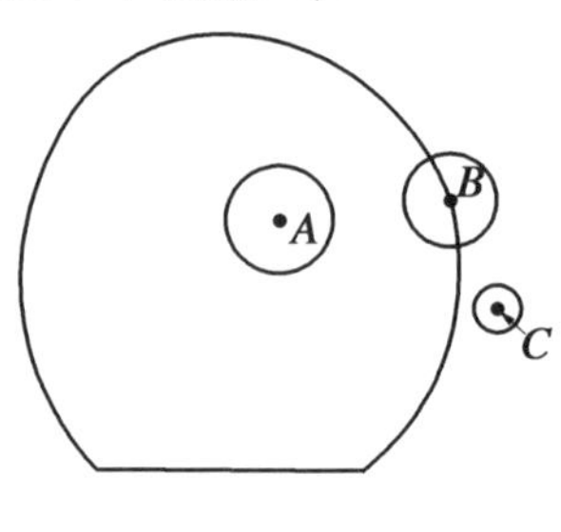

图 4

Q 的内点的集合称为 Q 的内部,Q 的边点的集合称为 Q 的边界. 二维凸图形的边界是一条线 q,q 称为凸线. 例如,圆的边界是圆周,三角形和正方形的边界是封闭折线.

凸图形的交 两个图形的交同属于两个图形的所有点的集合,或说是它们的公共部分. 如两个图形无公共点,就说它们不相交,或它们的交是空集. 例如,两条直线的交是一点或空集;半平面和圆的交是整圆或弓形或一点或空集.

定理 2 两个凸图形的交,如果不是空集,则仍是凸图形(零维、一维或二维).

设两个凸图形 Q 和 Q_1 的交非空,则可能有如下情形:

1)Q 与 Q_1 只有一个公共点,这时,它们的交是一个点,即零维凸图形 q_0(图 5).

2)Q 与 Q_1 有多于一个公共点,以 Q_2 表示它们的交. 设 A,B 为 Q_2 的任意两点,则 A,B 同属于 Q 和 Q_1,

但 Q 和 Q_1 为凸的,故线段 AB 同属于 Q 和 Q_1,因而属于 Q_2. 因此,Q_2 是凸图形. 自然,Q_2 可以是二维的(图6),也可以是一维的(图7).

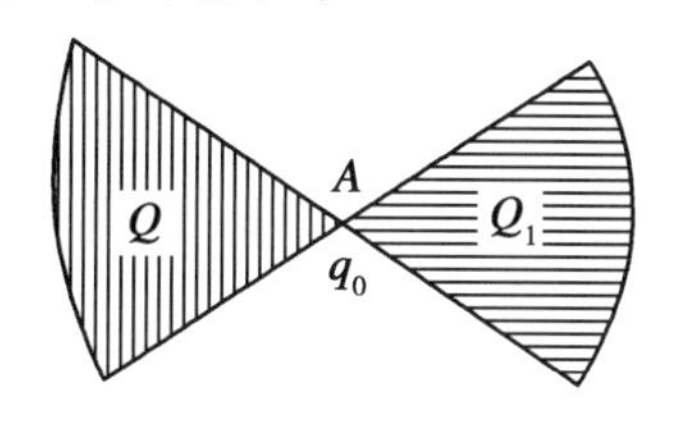

图5

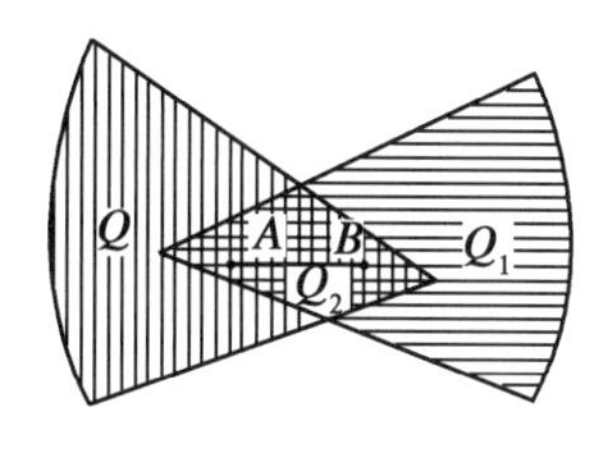

图6

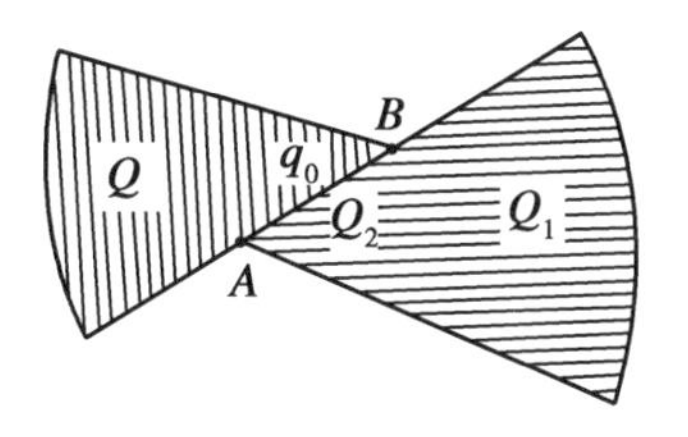

图7

设两个无公共内点的二维凸图形沿一部分边界 q_0 相交,则 q_0 仍是凸的. 因此,q_0 可能是零维或一维图形,即一点(图5)或直线、射线、线段(图7). 如果 Q 和 Q_1 之一是有界的,则作为边界公共部分的 q_0 只能为一点或一条线段. 这时,我们就说 Q 和 Q_1 沿这点或线段相连接.

凸图形内的线段 **定理** 3 联结凸图形 Q 的内点 A 和 Q 中任一点 B 的线段均由 Q 的内点构成(B 可能除外).

因 A 是 Q 的内点(图 8),那么就可以以 A 为圆心适当作圆使之整个在 Q 的内部;设 CD 是圆的垂直于 AB 的直径,因 B,C,D 均属于 Q,则整个$\triangle BCD$ 包含于 Q. 在线段 AB 上任取异于端点的点 E,则 E 在$\triangle BCD$ 的内部,因此,也在 Q 的内部.

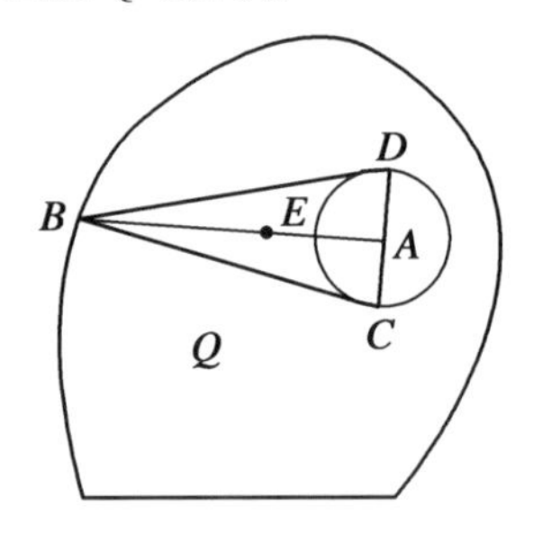

图 8

推论 1 如果点 A 和 B 均在 Q 的内部,那么整个线段 AB 也在 Q 的内部.

推论 2 如果点 A 和 B 属于凸图形 Q 的边界 q,那么或整条线段 AB 包含于 q,或除了 A,B 外,均在 Q 的内部.

事实上,可能有两种情形:1)AB 整个包含于边界 q(例如,图 1 中的 A_4B_4);2)至少这线段上的一点 C 在 Q 的内部(例如,图 1 中 A_2B_2 上的点 C_2). 但在后一种情形下,按定理 3,图 1 中的线段 A_2C_2 和 C_2B_2(除 A_2 和 B_2 外)均在 Q 的内部,即整条线段 A_2B_2(除端点外)在 Q 的内部.

定理4　由有界凸图形的内点 O 引的射线 OL 恰与边界交于一点.

事实上,我们引 OL 的反向射线 OL_1(图9),则构成的直线 LL_1 与凸图形 Q 的交是有界凸图形,即线段 AB. AB 包含 Q 的内点 O,那么 AB 上除点 A,B 外,所有点均在 Q 的内部;但 A,B 分别属于 L 和 L_1,它们在 Q 的边界上. 总之,OL 恰与边界交于一点.

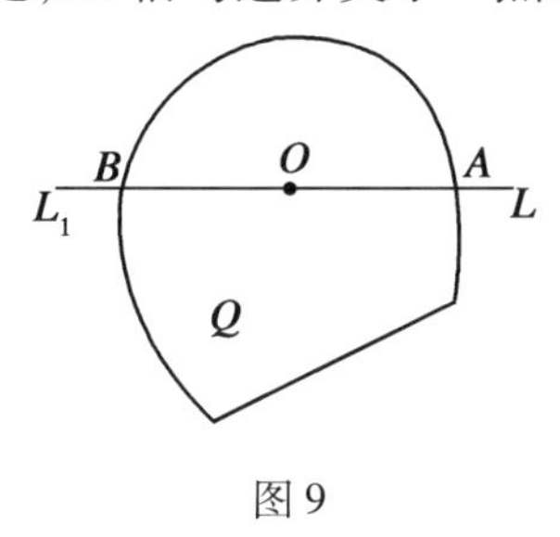

图9

§2　支　撑　线

直线与图形相交　设给定直线 r 和二维凸图形 Q,不妨认为 Q 是有界的. 可能有四种情况(图10):

1)r 和 Q 没有公共点(直线 r_1);

2)r 和 Q 有一个公共点(直线 r_2);

3)r 和 Q 的交为边界上一条线段(r_3 上的线段 A_1B_1);

4)r 和 Q 的交为(除端点外)Q 内的一条线段(r_4 上的线段 A_2B_2).

我们称直线 r 为图形 Q 的支撑线,如果:a)整个图形在 r 的一侧;b)直线 r 同 Q 的边界有公共点①. 如图

① 支撑线也可以定义作包含了图形边界点但不包含内点的直线.

10 中的 r_2,r_3 都是 Q 的支撑线.

如果 A 是 Q 的边界与支撑线 r 的公共点,就说 r 与 Q 在 A 相接,A 叫作支撑点.

直线分割凸图形 在上述情形 4)中,r 分 Q 为两部分:Q_1 和 Q_2,它们沿线段 A_2B_2 相连接,这两部分也是凸图形.

事实上,r 分平面为两个半平面 R_1 和 R_2,且 R_1 和 R_2 均为凸图形. 则 Q_1 是两个凸图形 R_1 和 Q 的交,Q_2 是两个凸图形 R_2 与 Q 的交,因此均为凸图形.

命题可以推广为:直线 $r_1,r_2,\cdots,r_n$ 分凸图形为若干部分,则每一部分均为凸图形(图 11).

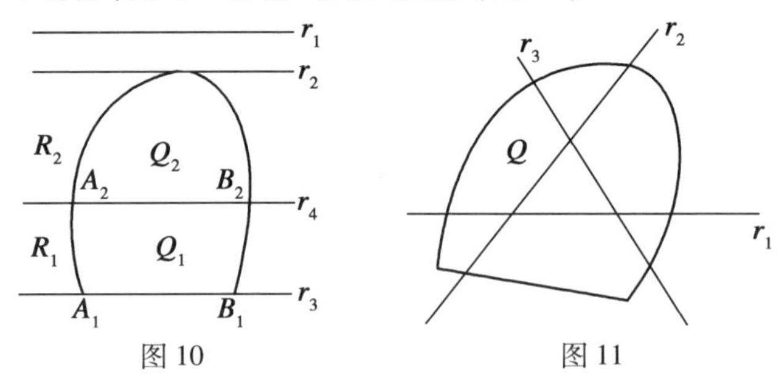

图 10　　图 11

相切角 考虑凸图形 Q 的边点 P(图 12),由 P 出发过图形 Q 的点引所有可能的射线. 这些射线[①]上点的集合以 R 表示,则 R 具有凸集的性质. 事实上,设 A,B 是 R 内的点,如果它们在所述的同一条射线上,则 AB 的点自然属于 R. 设 A,B 分别属于射线 PA 和 PB,PA 和 PB 分别含有 Q 内的点 A_1 和 B_1,则 A_1B_1 在 Q 内. 由 P 通过 A_1B_1 的所有点引的射线铺满了 R 内的

① 也包括它们的极限位置上的射线. 如图 12 中的射线 PL 和 PL_1.

$\angle APB$, AB 在角内, 故在 R 内. 因此, R 是凸图形.

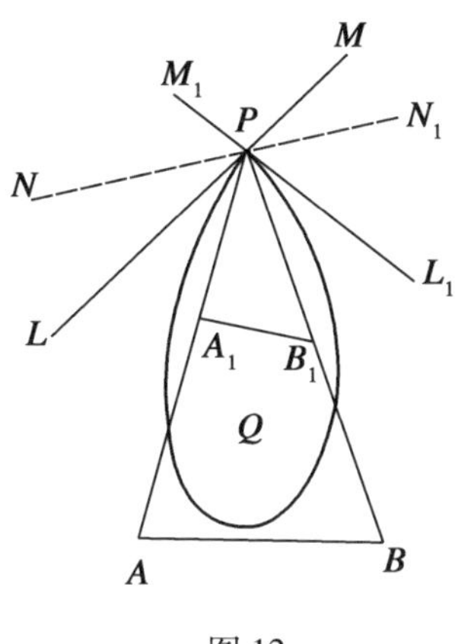

图 12

由 P 引出的上述射线构成的凸图形 R 是以 P 为顶点的不超过 π 的 $\angle LPL_1$. 有两种可能:

1) $\angle LPL_1=\pi$(图 13), 射线 PL 和 PL_1 互为反向延长线, 从而形成一条直线. 这是 Q 的过点 P 的唯一支撑线, 过点 P 的其他直线均包含过 Q 的内点的射线.

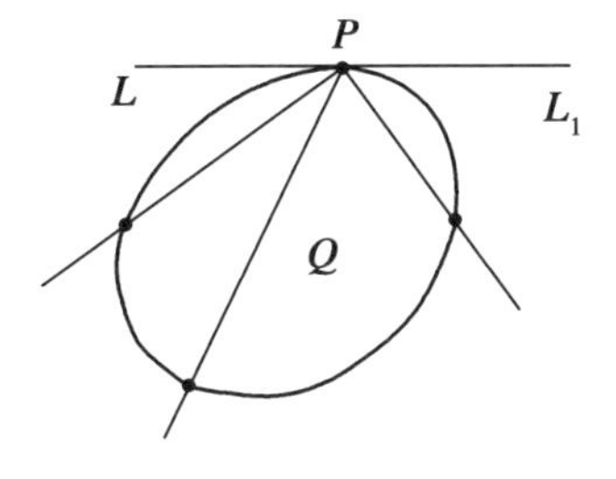

图 13

2) $\angle LPL_1<\pi$(图 12). 反向延长 PL 和 PL_1 得直线 LM 和 L_1M_1. 因 Q 夹在 $\angle LPL_1$ 中, 那么过 P 在其邻补角 $\angle MPL_1$ 和 $\angle M_1PL$ 内引的直线 NN_1 与 Q 除 P 外

再无公共点,即所有 NN_1 都是支撑线,它们铺满了一对对顶角. 这时 P 称为 Q 的边界上的角点.

旋转 考虑沿凸图形 Q 的边界 q 运动的点 M,它可以按逆时针方向运动,称为正向环绕线 q(图 14),也可以按顺时针方向运动,称为反向环绕线 q(图 15).

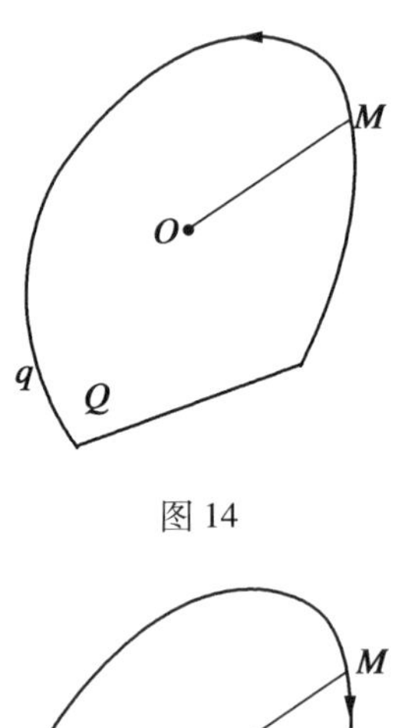

图 14

图 15

取 Q 的内点 O,连 OM,当 M 运动时,OM 将改变方向:当 M 正向环绕 q 时,OM 逆时针旋转,当 M 反向环绕 q 时,OM 顺时针旋转.

支撑线的方向 直线 r 可规定正、负两个相反的方向. 当向 r 的正向看去时,被 r 分出的两个半平面一

个在左边,一个在右边(图 16).

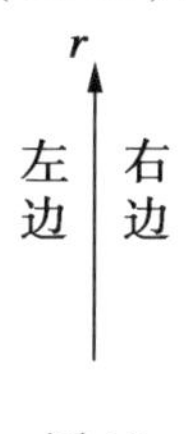

图 16

设 r 为凸图形 Q 的支撑线,我们规定 r 的正向,使 Q 在 r 的左边(即左半平面,图 17),那么 Q 的任何两条平行支撑线 r 和 r_1 必有相反的方向.

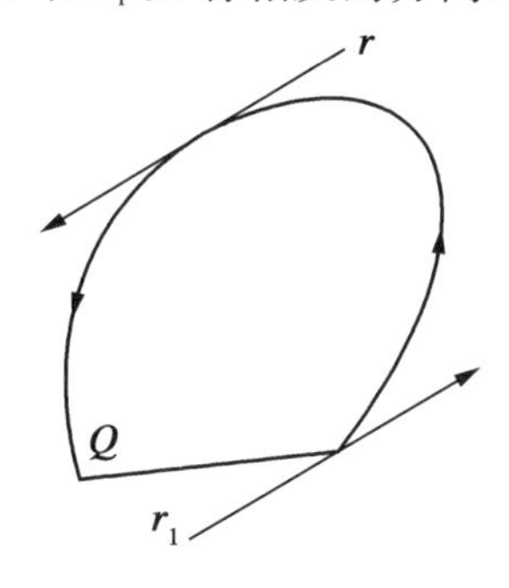

图 17

相交的支撑线　设 p 为凸图形 Q 的支撑线(图 18),AB 为 p 与 Q 的边界的公共线段($A=B$ 时缩为一个支撑点),p_α 是与 p 的正向成角 α 的支撑线,p 与 p_α 交于点 B_α(将 p 绕 B_α 逆时针方向旋转角 α,即得 p_α).

当 α 趋于零时,B_α 趋于点 B. 换句话说,对任一正数 ε,当 $\alpha>0$ 充分小时,线段 BB_α 的长小于 ε.

事实上,设 BC 为 p 上长为 ε 的线段,方向与 p 一致. p_{α_0}为过 C 的支撑线,p_{α_0}与 p 构成角 $\alpha_0>0$. 如果 $0<\alpha<\alpha_0$,那么 p_α 与 p 的交点 B_α 在 B,C 之间,即 BB_α 的长小于 ε.

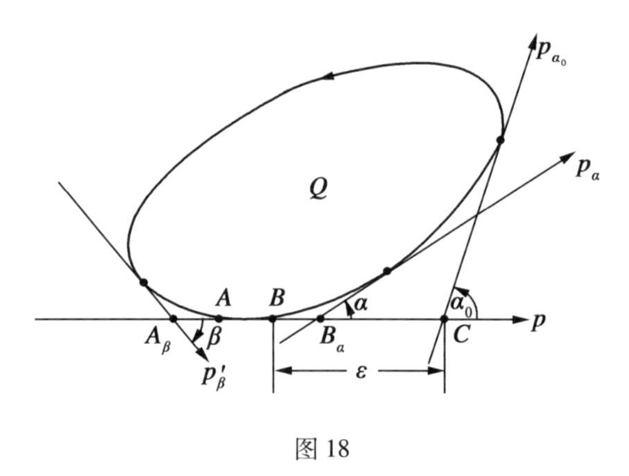

图 18

类似地,如 p'_β是同 p 构成负角 β 的支撑线,A_β 是 p 与 p'_β的交点,则当 $\beta\to0$ 时,$A_\beta\to A$.

§3 凸多边形

向量 规定了始点、终点和方向(由始点指向终点)的线段称为向量. A 为始点,B 为终点的向量记作 $\overrightarrow{AB}$. 若两个向量$\overrightarrow{AB}$和$\overrightarrow{CD}$所在直线平行且它们的方向相同,则称为平行的(图 19),平行且大小相等的向量称为相等向量. 向量等式$\overrightarrow{AB}=s\overrightarrow{CD}$($s$ 为正实数)表示$\overrightarrow{AB}$与$\overrightarrow{CD}$同向且长度之比等于 s.

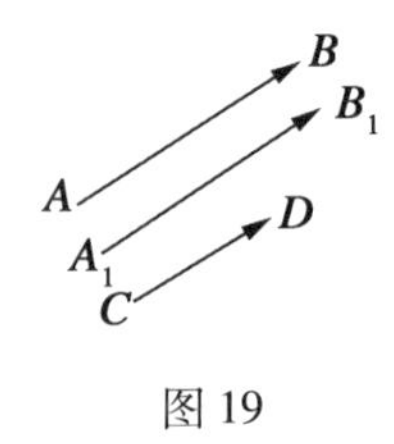

图 19

凸多边形　边界由若干条线段构成的凸图形称为凸多边形(或凸多角形). 这些线段称为多边形的边,邻边的公共点称为多边形的顶点.

凸多边形每边都是某一条支撑线 r 的一部分(图20). 因为平行于已知直线的支撑线只能有两条,所以凸多边形不存在多于两条相互平行的边.

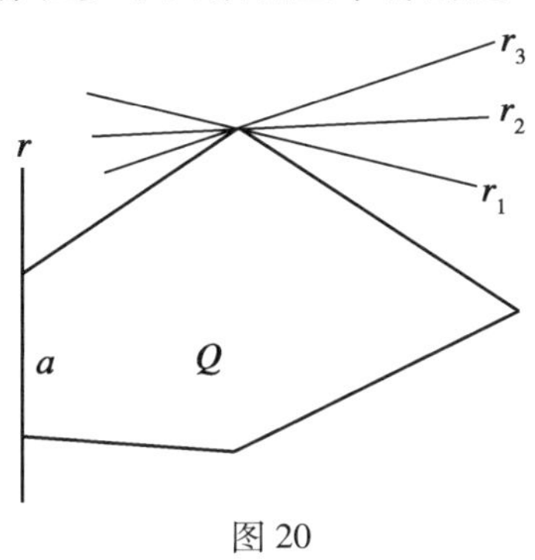

图 20

多边形 Q 的所有不过边的支撑线恰过一个顶点(如图 20 中的 r_1, r_2, r_3). 因任一边 a 均为支撑线 r 的一部分,所以 a 的正向是确定的,即使得 Q 在其左边的方向.

环绕多边形　我们沿着多边形 Q 的边的正向环绕多边形,先沿边 a_1 运动,在顶点 A_1 左转一个角 α_1 走向邻边 a_2,在顶点 A_2 左转一个角 α_2 走向 a_3,……,最后,在顶点 A_n 左转角 α_n 回到 a_1. 我们每次转过的角正是多边形的外角(图 21),因此

$$\alpha_1+\alpha_2+\cdots+\alpha_n=2\pi$$

易见,由边 a_1 的支撑线到边 a_2 的支撑线也在 A_1 处转了角 α_1. 同样,支撑线在顶点 $A_2, A_3, \cdots, A_n$ 分别旋转了角 $\alpha_2, \alpha_3, \cdots, \alpha_n$,而变为下一边的支撑线. 因此,

当环绕多边形一周时,支撑线也旋转一周.

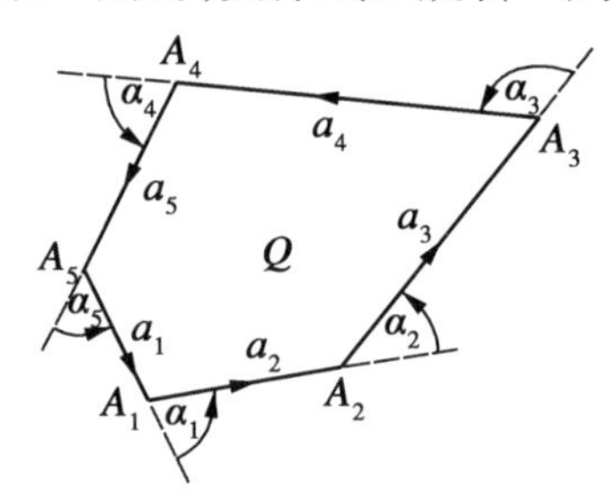

图 21

为了看清这一点,我们由任一点 O 作单位长向量 $\overrightarrow{OL_1},\overrightarrow{OL_2},\cdots,\overrightarrow{OL_n}$分别平行于多边形的边 $a_1,a_2,\cdots,a_n$(图 22). 则 $\angle L_1OL_2=\alpha_1$, $\angle L_2OL_3=\alpha_2$, $\cdots$, $\angle L_nOL_1=\alpha_n$. 这些角之和正好等于 2π. 上述向量的端点 L_1, $L_2,\cdots,L_n$ 都在以 O 为圆心的单位圆上. 从 L_1 开始沿圆周按逆时针方向运动,依次通过 $L_2,L_3,\cdots,L_n$,最后回到 L_1,遍历圆周而且每段弧恰好经过一次.

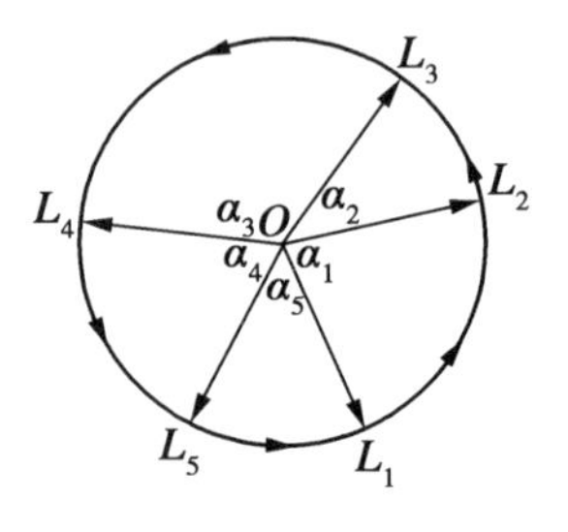

图 22

对凹多边形(如图 23 中的凹四边形)也可进行类似作图(图 24),但只沿圆周向正方向走不可能依次遍历 $L_1,L_2,\cdots,L_n$ 再回到 L_1,而必须向两个方向重复走

某些弧（如$\overset{\frown}{L_1L_4}$）才行.

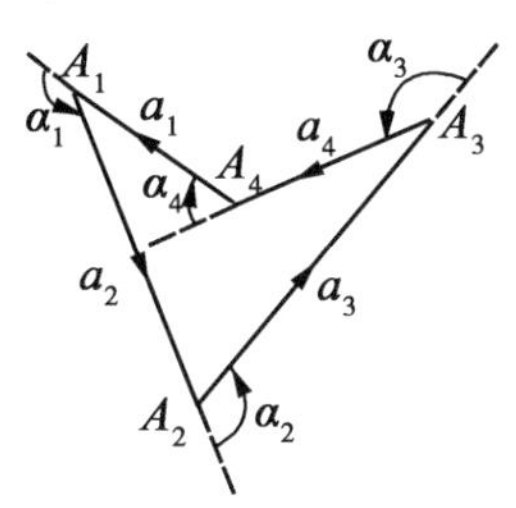

图 23

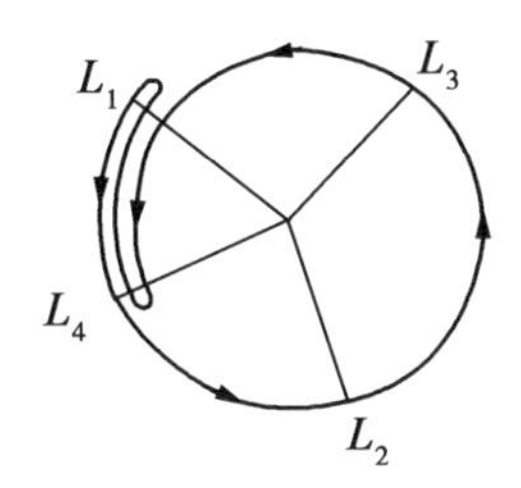

图 24

内接多边形　设在二维凸图形 Q 的边界 q 上有正向排列的点 $B_1,B_2,\cdots,B_n$（即当正向环绕 Q 时，B_1 之后是 B_2，B_2 之后是 B_3，……，B_{n-1}之后是 B_n，B_n 之后是 B_1）. 以线段顺次联结这些点，即得多边形 $B_1B_2\cdots B_n$. 这就是凸图形 Q 或凸线 q 的内接多边形（图 25）. 而 Q 被分为若干部分：内接多边形 $B_1B_2\cdots B_n$ 和有阴影的弓形，它们全是凸图形.

外切多边形　如果凸多边形 R 包含凸图形 Q 且它的边均为 Q 的支撑线的一部分，则 R 叫作 Q 的外切多边形.

凸图形的周长　作凸线 q 的内接凸 n 边形 Q_n，当 n 趋于无穷大时，令其最大边长趋于零，可以证明，这

时 Q_n 的周长趋于极限,此极限就叫作凸图形的周长.

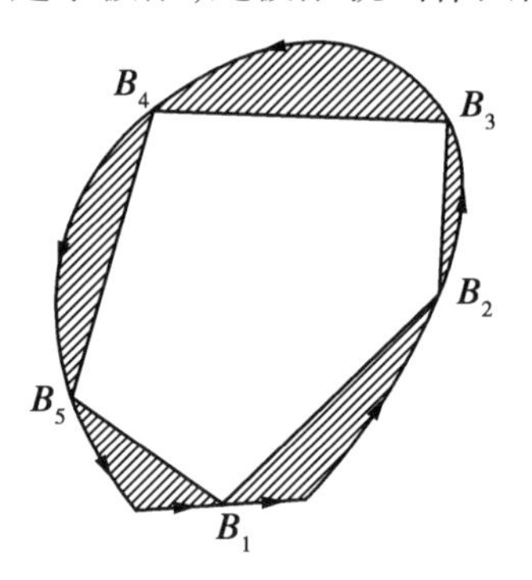

图 25

可以证明,如果凸多边形 R_0 在凸多边形 R_1 的内部,那么 R_0 的周长小于 R_1 的周长. 求极限的过程表明,如果凸线 s_0 在凸线 s_1 内部,那么 s_0 的周长小于 s_1 的周长.

外法线 多边形 Q 的边 a 在点 A 的外法线是垂直于 a 且指向多边形之外的一个向量(图 26).

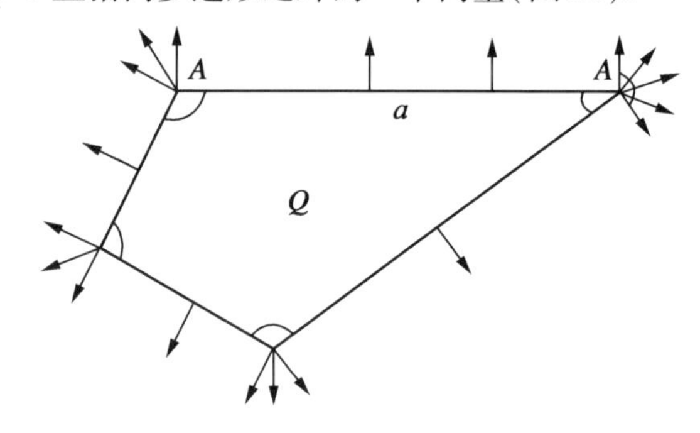

图 26

对凸多边形来说,只能有一条边的外法线平行于

已知向量. 显然,外法线完全确定了边的方向. 因此,对不同的多边形,我们称与外法线平行的边为同向边.

凸图形在其边界上一点 A 的外法线也是一个向量,它垂直于过点 A 的支撑线且指向图形 Q 之外(图 27).

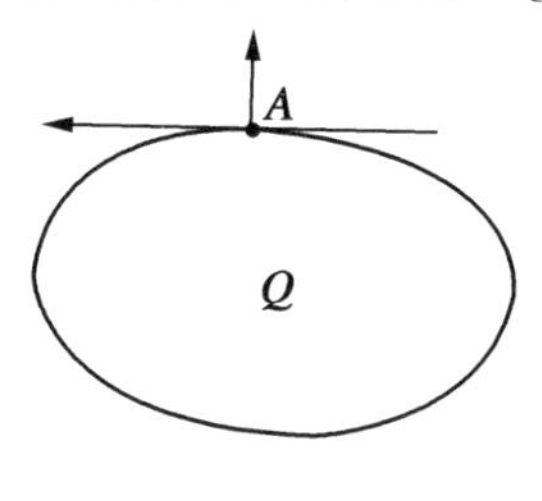

图 27

在凸多边形 Q 的每个顶点 A 可以引无穷多条外法线,它们构成了同 $\angle A$ 互补的一个角(图 26).

§4　凸　　体

凸体　现在考虑三维空间的凸图形,其中除了有零维、一维和二维凸图形以外,还有其点不全在同一平面的凸图形,称为三维凸图形或凸体.

球、平行六面体、底为凸多边形的棱柱(图 28),都是凸体的例子. 而底为凹多边形的棱柱则为凹体.

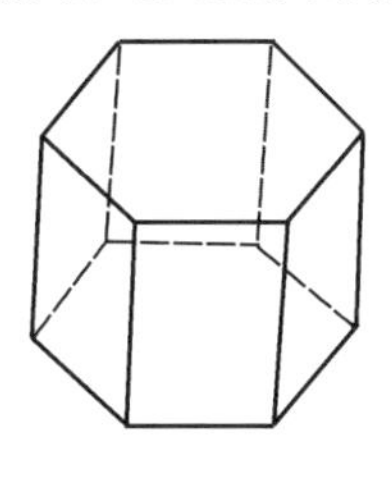

图 28

凸体叫作有界的,如果它可以被围在某一个球之内(如平行六面体就是有界的);反之,叫作无界的,如半空间和上下无限延伸的圆柱,都是无界凸体.

四面体在空间的作用相当于三角形在平面的作用(图 29). 我们有类似于 §1 的定理 1 的定理.

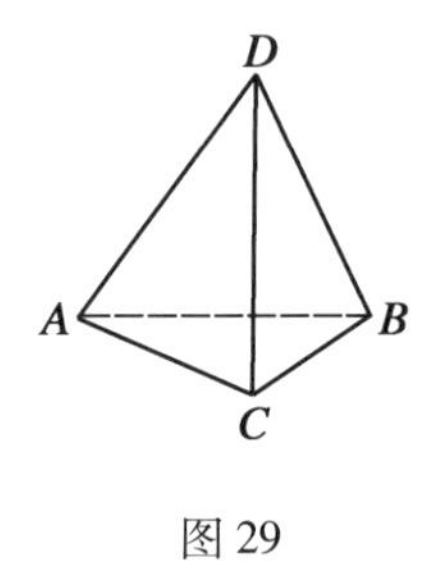

图 29

定理 1 如果凸体 Q 包含不共面的四点 A,B,C,D,那么 Q 包含整个四面体 $ABCD$.

事实上,由于 §1 的定理 1,Q 包含四个三角形面 ABC,ABD,ACD,BCD. 四面体可以被联结其顶点 A 和面 BCD 上所有点 E 的线段填满. A,E 属于 Q,则每条线段 AE 包含于 Q,所以整个四面体包含于 Q.

推论 四面体 $ABCD$ 是包含 A,B,C,D 的四点的最小凸体.

凸体的交 §1 中的定理 2 关于两个凸图形的交仍是凸图形,对三维情况也是正确的.

两个凸体 Q 与 Q_1 的交如果非空,那么它可能是:

1)凸体(三维凸图形)(图 30);

2)二维凸图形(图 31);

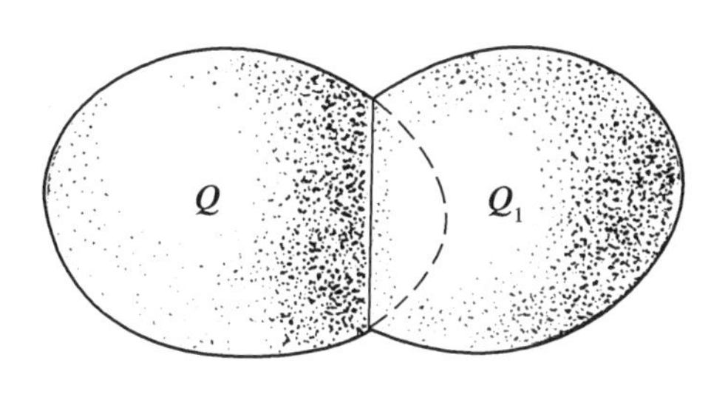

图 30

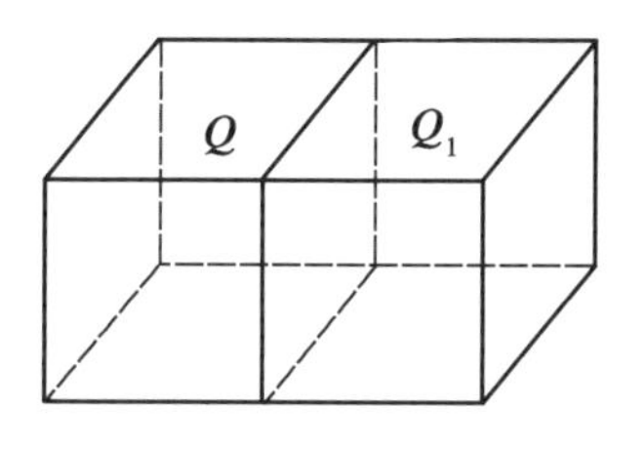

图 31

3) 一维凸图形(图 32);

4) 零维凸图形(图 33).

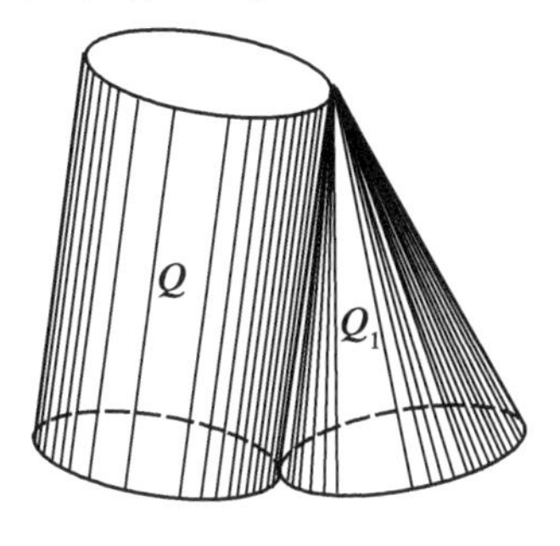

图 32

图 33

在情形 2) ~4) 的条件下,我们称凸体 Q 和 Q_1 相接.

边界 设给定凸体 Q,那么三维空间中不属于 Q 的点称为 Q 的外点. 围绕每个外点可以适当作出同 Q 无公共点的球. 而 Q 的点分为:

1) Q 的内点,围绕内点可适当作出整个包含在 Q 内的球;

2) Q 的边界点,围绕边界点的每个球既包含 Q 的内点,又包含 Q 的外点.

§1 中的定理 3,定理 4 及其推论对凸体也是正确的.

我们称 Q 的全部内点的集合为 Q 的内部,全部边界点的集合为 Q 的边界. 如球体的边界是球面,凸多面体的边界是其表面(各多边形面的集合).

支撑面 设给定凸体 Q 和平面 γ. 相关位置可能有三种情况:

1) 平面 γ 同 Q 没有公共点;

2) 平面 γ 同 Q 的内部有公共点;

3) 平面 γ 同 Q 的边界有公共点,但同 Q 的内部没有公共点;这时,我们称 γ 是 Q 的支撑面.

例如,球的支撑面就是它的切面;凸多面体的面所在的平面都是支撑面. 支撑面对空间凸体的作用相当于支撑线对平面凸图形的作用.

定理 2 如果 γ 是凸体 Q 的支撑面,那么 Q 位于 γ 的一侧.

事实上,设 A 为 Q 的内点,则 A 不在支撑面上,即 A 在 γ 的一侧. 设 Q 上有点 B 在 γ 的另一侧,线段 AB 同 γ 交于异于 A,B 的点 C(图 34). 因 A 是 Q 的内点,据 §1 定理 3,线段 AB 上的点 C 也是 Q 的内点,与 γ 的定义矛盾.

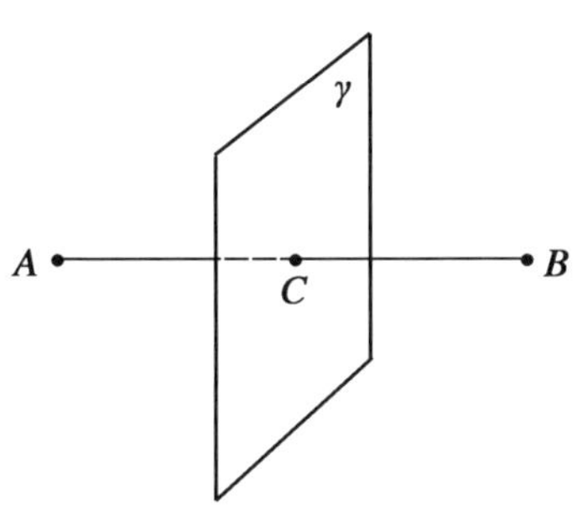

图 34

由于该定理,有时也把支撑面定义作与 Q 有非空交集且 Q 位于它的一侧的平面. 和在平面的情形一样,从有界凸体的内点引任意射线,只能与凸体的边界交于一点. 且还有:

定理 3　对每条以凸体的内点为始点的射线 OL,有且只有一个支撑面同它垂直相交.

事实上,过 Q 的内点 O 作平面 $s\perp$ 射线 OL(图 35). 沿射线方向平移 s,直到 s 不含 Q 的内点(图 35 上的平面 s_0)为止,如再继续平移 s,就不再与 Q 相交. 这时,$s_0\perp OL$ 且为 Q 的支撑面.

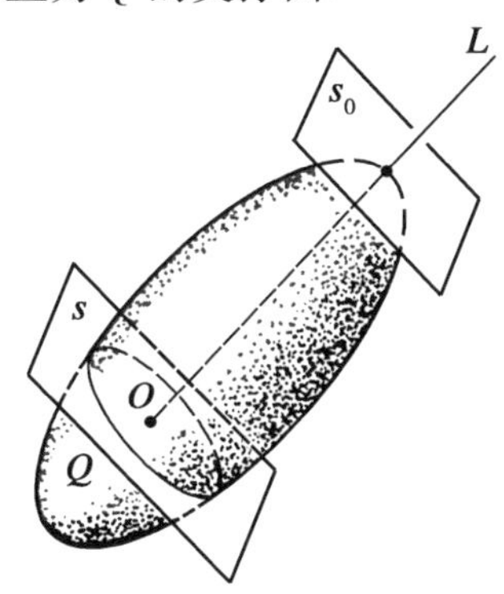

图 35

定理 4 对任何直线 q,有界凸体 Q 有两个垂直于 q 的支撑面.

事实上,平移 q 使之通过 Q 的内点 O. 这时,q 被 O 分为两条射线 OL 和 OL',对每条射线存在同它垂直相交的唯一支撑面. 因此,Q 总共有两个支撑面同 q 垂直.

外法线 凸多面体在其面上一点的外法线是一个向量,它垂直于这个面且指向多面体之外(图 36). 凸多面体最多有一个面的外法线平行于已知向量. 由于面的外法线唯一地确定了凸多面体一个面的方位,因此,我们称在不同的多面体中具有平行外法线的面为同向面. 类似的,凸体 Q 在其边界上一点 A 的外法线是一向量,它垂直于过点 A 的支撑面且指向凸体之外(图 37).

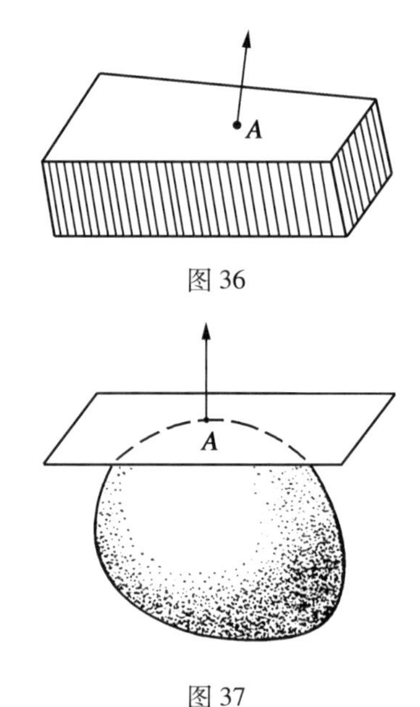

图 36

图 37

过凸多面体的面的每个内点只可引一条(长度一定的)外法线;过棱上每个(异于顶点的)点,可以引无数条外法线,它们填满一个平面角(同相似二面角平面角互补);过每个顶点的外法线填满一个多面角.

凸曲面　凸体的表面叫作凸曲面.

考虑分别以凸曲面 P 和 P_1 为表面的凸体 Q 和 Q_1. 设它们有内点 O(通过平移总可使它们有公共内点,图 38). 从点 O 引所有可能的射线,每条从 O 出发的射线必从某点 A 穿过 P 而从另一点 A_1 穿过 P_1. 我们设 A 和 A_1 互相对应,建立的这种关系称为中心射影. 显然,中心射影把曲面 P_1 映射为曲面 P 时,把 P_1 上的曲线 q_1 映射为 P 上的某条曲线 q.

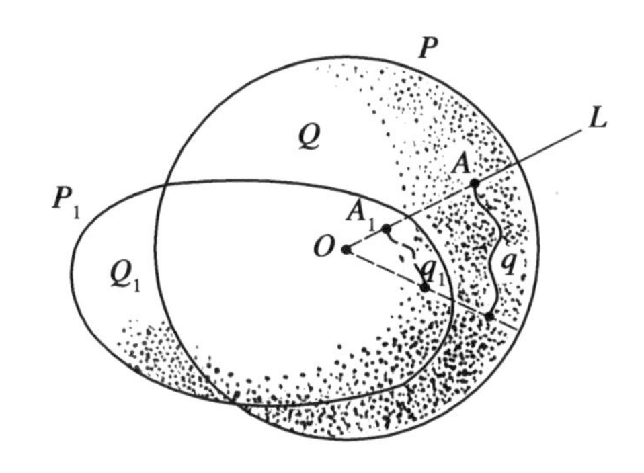

图 38

我们可以取中心为 O 的球面作为 P. 因此,可以说:通过中心射影可以将任何曲面映射为球面.

附注　中心射影是拓扑变换的一种特殊情形:将曲面(以及一般图形)P 无粘合(不同点变换为不同点)、无间断(很近的两点变为很近的两点)地变换为 P_1,就称为 P 和 P_1 间的拓扑变换.

§5 凸　　锥

凸锥　由同一点引出的所有射线构成的无界凸体,叫作凸锥. 它在空间的作用相当于角(不超过 π 的)在平面的作用. 以 O 为顶点的凸锥如果包含异于 O 的点 A,就包含整条射线 OA(图 39). 以 O 为顶点的凸锥也可以看作由射线构成的不同于全空间的立体,如果它包含射线 OA,OB,则包含整个 $\angle AOB$.

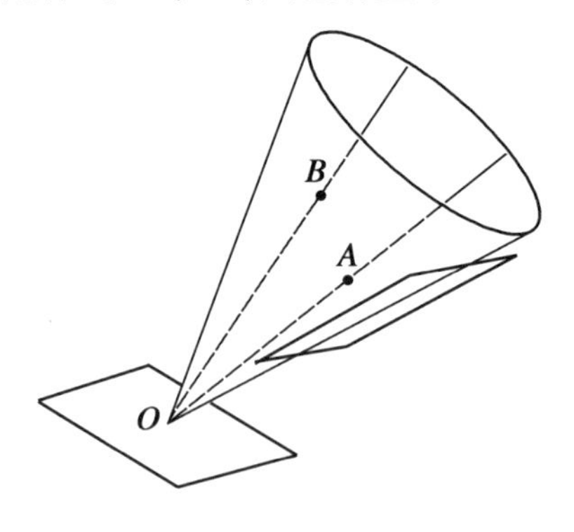

图 39

例如圆锥、凸多面角、小于 π 的二面角(图 40)、半空间(以平面为其边界)等,均为凸锥.

不含整条直线的凸锥叫作严格凸锥(如圆锥). 半空间和二面角都不是严格凸锥. 在严格凸锥内以其顶点为顶点的角必小于 π. 凸锥的边界也叫作凸锥的表面,它由过凸锥顶点的射线即凸锥的母线构成. 严格凸锥的支撑面或沿母线同它相接,或过顶点而与凸锥再无其他公共点(图 39). 小于 π 的二面角的支撑面必过

棱(图 40). 半空间的唯一支撑面与边界重合.

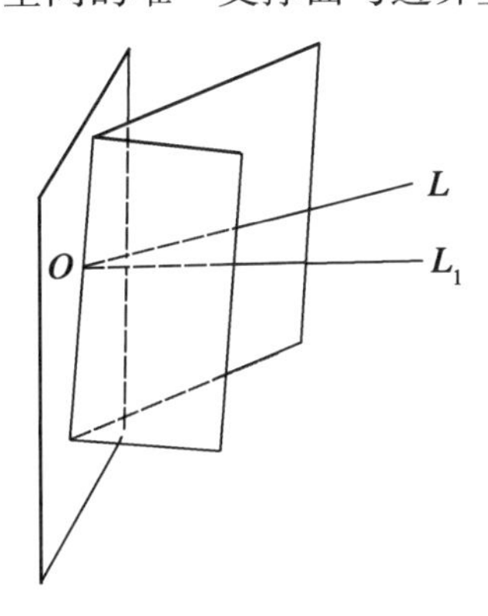

图 40

球面凸图形　以 S 表示中心为 O 的球面(球的表面,图 41),设 A 和 B 是 S 上不共直径的两点,过这两点有唯一的球大圆. 以 A,B 为端点的两条球大圆弧中,以$\overset{\frown}{AB}$表示较短的一条,称为联结 A 和 B 的球大圆弧(也叫测地线). 过球面上任何不共直径的两点可连唯一的球大圆弧. 球面凸图形是球面 S 的一部分,它不含有共直径的点,且联结它任何两点的球面圆弧都在它之内. 例如,底为球小圆、高小于球半径的球冠就是球面凸图形. 一个点是球面凸图形 Q 的内点,如果它和以它为“中心”的球小圆整个在 Q 中. 没有内点的球面凸图形就是球大圆弧.

可与平面图形类似地定义球面凸图形的边界.

设 Q 是 S 上有内点的球面凸图形. 从 S 的中心 O 过 Q 的所有点引射线,就构成严格凸锥 K,且 Q 正好是 S 和 K 的交(图 42).

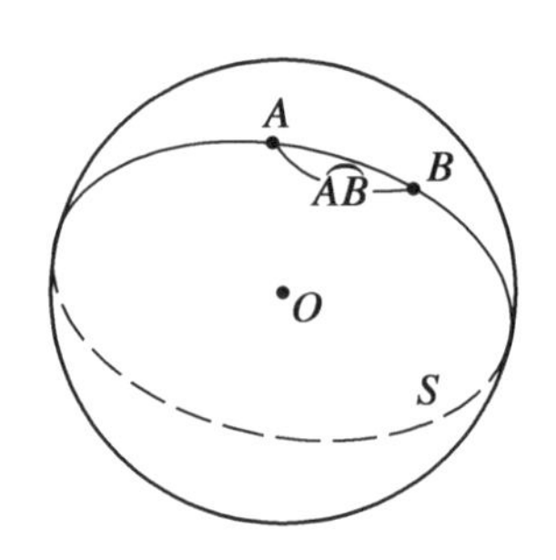

图 41

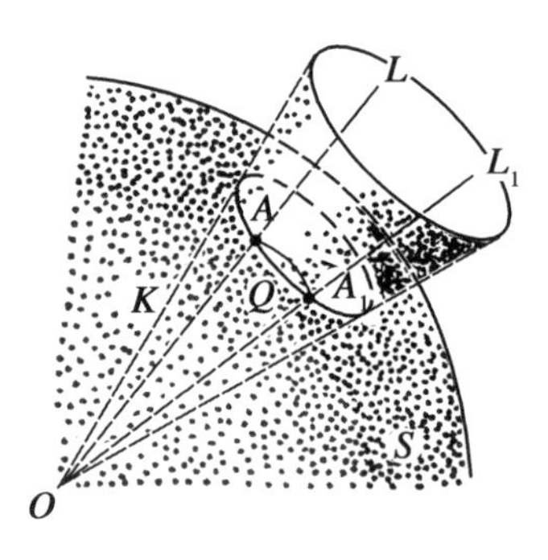

图 42

事实上,设 OL 和 OL_1 是 K 的两条射线,它们同 S 交于图形 Q 的点 A 和 A_1. OL 和 OL_1 所构成的角是球大圆(以 O 为圆心)弧 $\overset{\frown}{AA_1}$ 所对的中心角;因 $\overset{\frown}{AA_1}$ 整个在 Q 内且所对的中心角小于 π,那么 $\angle LOL_1$ 也整个在 K 内且小于 π.

反之,任何以 O 为顶点的严格凸锥同 S 交于球面凸图形.

球面 n 边形是由 n 条球大圆弧围成的球面凸图形. 它可以看作是以 O 为中心的凸多面角同球面 S 的交,其中最简单的是球面三角形(图 43).

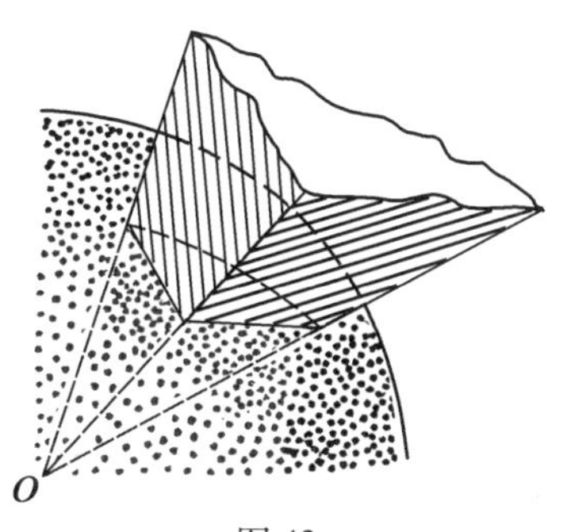

图 43

凸锥形切曲面　设 O 为凸体 Q 上任意一点. 从 O 过 Q 的所有点引射线,我们就得到顶点为 O 的凸锥 K. K 的边界 K_0 就叫作 Q 在点 O 的凸锥形切曲面. K_0 和 Q 在 O 有共同的支撑面. 有三种情形.

情形Ⅰ. 凸锥 K 是半空间,则它的边界 K_0 是平面,也就是 Q 在点 O 的唯一支撑面,这时,也说 K_0 是凸体 Q 在 O 的切面(图 44). 例如,对球面上的点来说,总是这种情形.

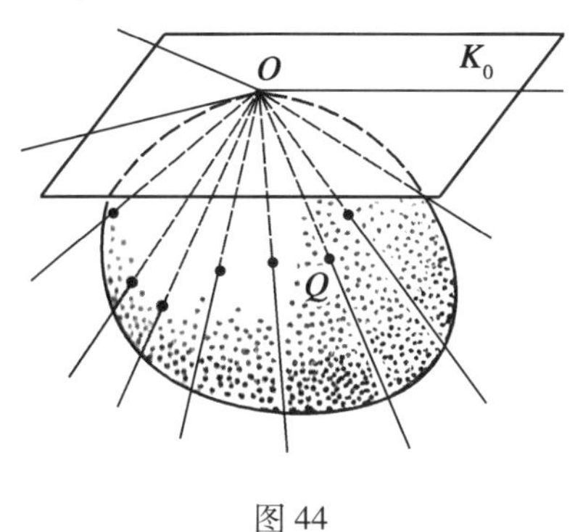

图 44

情形Ⅱ. 凸锥 K 是小于 π 的二面角,其边界是以过 O 的直线 p 为棱的两个半平面(图 45). 过 O 可以

作 Q 的无穷多个支撑面,它们全过 p.

例如,图 45 所示的有限圆柱 Q,它的边界 q 由圆柱面的一部分 q_0 和两个圆 q_1,q_2 构成,圆周 γ_1 和 γ_2 为它们的交线. 对 γ_1 和 γ_2 上的所有点均有情形Ⅱ出现. 如对 γ_1 上的点 O,K 就形成二面角 $K_0'-p-K_0''$.

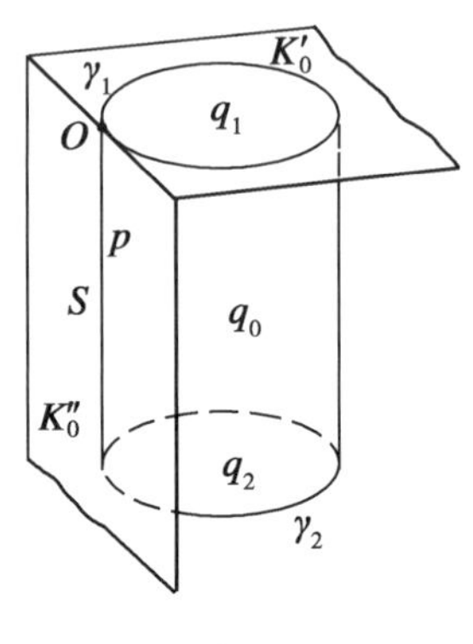

图 45

情形Ⅲ. K 是严格凸锥,表面是在点 O 与 Q 相切的锥面(图 46),这时,O 叫作尖点. 过 O 有 Q 的无穷多个支撑面.

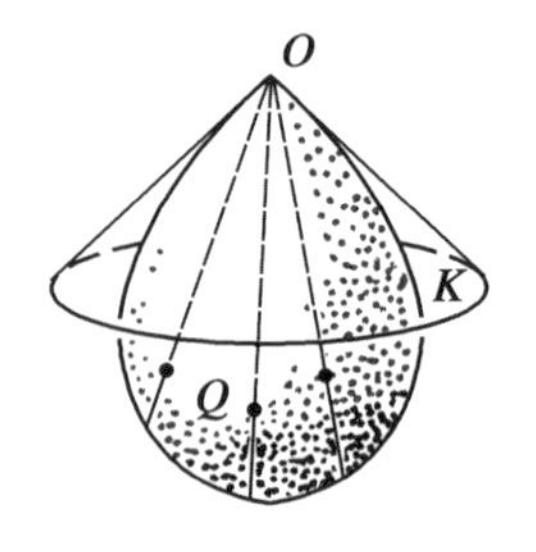

图 46

例如,凸多面体的顶点为尖点,其棱上异于顶点的点属于情形Ⅱ,面的内点则属于情形Ⅰ. 可见,过凸体

Q 的边界上一点只可作一个(情形Ⅰ)或可作无穷多个(情形Ⅱ,情形Ⅲ)Q 的支撑面.

§6　垂直于支撑线与支撑面的弦

平面凸图形的最大宽度　平面凸图形(凸体)Q 的垂直于直线 p 的两条支撑线(两个支撑面)间的距离叫作 Q 在 p 方向的宽度.

显然,存在着宽度最大和最小的方向(图47). 对圆来说,所有方向的宽度均相同. 而矩形呢?对角线方向宽度最大,短边方向宽度最小(图48). 对椭圆来说,长轴方向宽度最大,短轴方向宽度最小(图49).

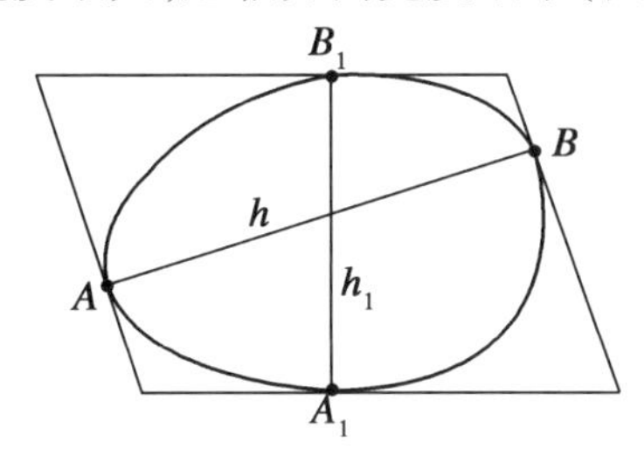

图47

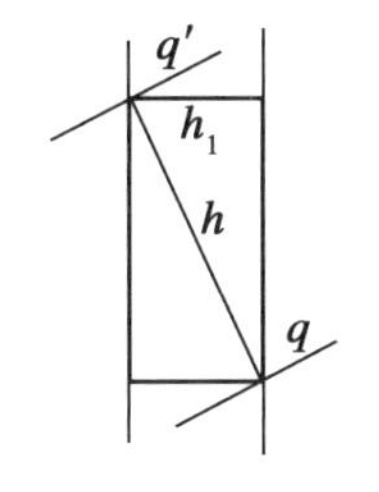

图48

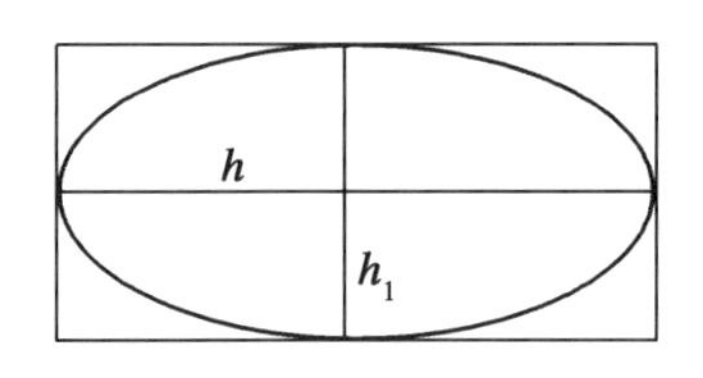

图 49

设 h 是平面凸图形 Q 的最大宽度,即 Q 的平行支撑线间的最大距离;q,q'是 Q 的两条相距为 h 的平行支撑线. 我们证明 h 和直线 q,q'的如下性质:

1)任意两条与 Q 相交的平行线 s 和 s'之间的距离不超过 h;

事实上,作两条平行于 s 和 s'的支撑线 r 和 r',则对于整个 Q,s 和 s'均夹在 r 和 r'之间,因此 s 和 s'间的距离不大于 r 与 r'间的距离不大于 h.

2)图形 Q 上任意两点 A,B 间的距离不超过 h;

事实上,过 A,B 分别引直线 s,s'垂直于 AB. 那么 A,B 间的距离等于 s,s'间的距离不大于 h.

3)考虑距离为 h 的两条平行支撑线 q 和 q',A,B 分别为 q,q'同 Q 的公共点,那么 AB 是 q 与 q'的公垂线;

事实上,分别位于两条平行线 q 与 q'上的两点 A,B 间的距离不小于两条直线间的距离 h. 另一方面,由于性质 2),A,B 间的距离不大于 h,即 $AB=h$. 而这只有在 AB 为 q 与 q'的公垂线时才是可能的.

4)支撑线 q 和 q'中的任一条同 Q 只有一个公共点;

例如,设 q 同 Q 至少有两个公共点 A 和 A'. 如果 B 是 q'同 Q 的公共点,由于 AB 和 $A'B$ 同垂直于 q',于是

过 B 可作 q' 的两条垂线,这不可能.

5)我们把 Q 上的点之间的最大距离称为 Q 的直径,那么,图形 Q 的直径恰等于 h;

这是由于 Q 上的点之间的距离不超过 h. 另一方面,由性质3)知,它上面的点 A 和 B 之间的距离等于 h.

6)如果 A',B' 是 Q 上相距为 h 的两点,那么 A',B' 分别是 Q 同垂直于 $A'B'$ 的支撑线 q,q' 的公共点;

事实上,分别过 A' 和 B' 作垂直于 $A'B'$ 的直线 r 和 r',r 和 r' 间距离为 h. 作 Q 的平行于 r 和 r' 的支撑线 q,q',如果 q,q' 不分别同 r,r' 重合,则 q,q' 间的距离小于 h,这与 h 的定义矛盾. 因此,$r=q,r'=q'$ 是 Q 的支撑线.

例　平行四边形的直径与较长的对角线重合,最远的一对平行支撑线是垂直于该对角线且过其端点的直线(在矩形的情况下有两对). 圆的直径与通常的直径一样,任何两条平行支撑线(切线)间的距离等于直径. 对于三角形,直径同最大边重合,最远的一对平行支撑线是垂直于这边且过其端点的直线(对等边三角形来说,有三对).

平面凸图形的最小宽度　设 h_1 为平面凸图形的最小宽度,p 和 p' 是相距为 h_1 的一对支撑线;A_0A_1 和 B_0B_1 分别是 p 和 p' 同 Q 重合的线段(在特殊情形下 A_0 与 A_1,B_0 与 B_1 可能重合),C_0 和 C_1 分别是 A_0 和 A_1 在 p' 上的射影(图50).

我们证明 C_0C_1 和 B_0B_1 相交(有一部分重合). 假设线段 B_0B_1 与 C_0C_1 相离(图50),那么可以引 p 和 p' 的公垂线 DE,使 A_0A_1 和 B_0B_1 分居于它的异侧,DE 的

长为 h_1.

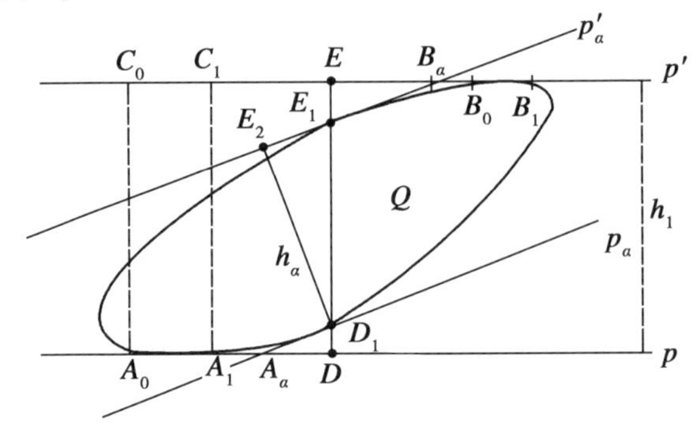

图 50

设 p_α 和 p'_α是一对同 p 和 p'构成角 α 的支撑线,A_α 和 B_α 分别为 p_α 同 p,p'_α同 p'的交点. 当 $\alpha \to 0$ 时(如第 11 页指出的),A_α 趋于 A_1,B_α 趋于 B_0;对充分小的 α,A_α 和 B_α(同 A_1 和 B_0 一样)位于 DE 的异侧. 因此,p_α 和 p'_α同 DE 交于点 D_1,E_1,且

$$D_1E_1 < DE = h_1 \tag{1}$$

设 D_1E_2 是由 D_1 向 p'_α引的垂线,长为 h_α,则 $h_\alpha < D_1E_1$. 再由式(1),有

$$h_\alpha < h_1$$

即 Q 在 D_1E_2 方向的宽小于 h_1,与 h_1 定义矛盾. 总之,C_0C_1 与 B_0B_1 相交(图 51).

设 B'是 C_0C_1 同 B_0B_1 的公共点,则 p 和 p'的公垂线 $A'B'$的长为 h_1,点 A',B'分别为 Q 同 p 和 p'的公共点. 这样,我们就找到了联结 Q 的边界点且垂直于过其端点的支撑线的线段 $A'B'$,其长为最小宽度 h_1,方向为图形宽度最小的方向. 连同图形的直径一起,我们得到了如下结论:

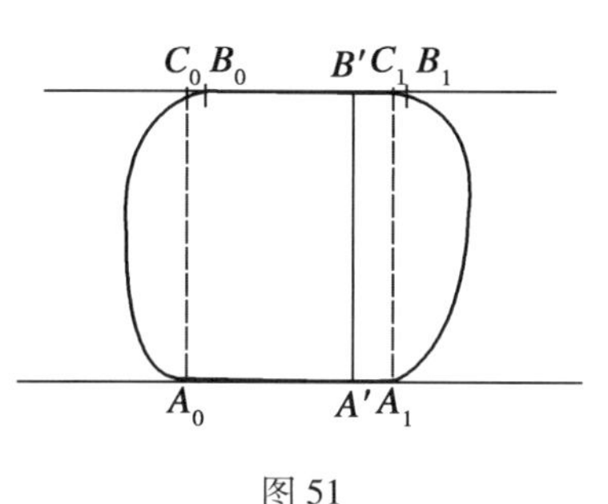

图 51

存在联结 Q 的边界点的两条线段 AB 和 $A'B'$，它们垂直于过其端点的支撑线（其方向分别为图形最宽和最窄的方向）.

三维情形　对任意凸体 Q，至少有三条联结边界点的线段垂直于过其端点的支撑面. 其中，第一条 A_1B_1 在最大宽度的方向（长为最大宽度 h_1），第二条 A_2B_2 在最小宽度的方向（长为最小宽度 h_2），第三条 A_3B_3 的长度在 h_1 与 h_2 之间. 如椭球体，这样的三条线段分别同三个轴重合.

在 n 维空间中，对每一个凸体，存在联结其边界点的 n 条线段，分别垂直于过它们各自端点的支撑（超）平面.

§7　恒宽卵形

任意两条平行支撑线之间的距离，即任意方向的宽度为定值的凸图形，称为恒宽卵形. 圆是恒宽卵形的最简单的例子，但还有其他的例子.

以等边△ABC 的边长为半径，分别以 C，A，B 为圆心画弧$\overset{\frown}{AB}$,$\overset{\frown}{BC}$,$\overset{\frown}{CA}$(每条弧等于$\frac{1}{6}$圆周,图 52),所得到的图形就是恒宽的. 因为在任一对平行支撑线 q,q'中,一条通过 A,B,C 之一,另一条为弧$\overset{\frown}{BC}$,$\overset{\frown}{CA}$或$\overset{\frown}{AB}$的切线. q,q'间的距离等于弧的半径即等边三角形的边长,这对任一对平行支撑线 q,q'都是相同的.

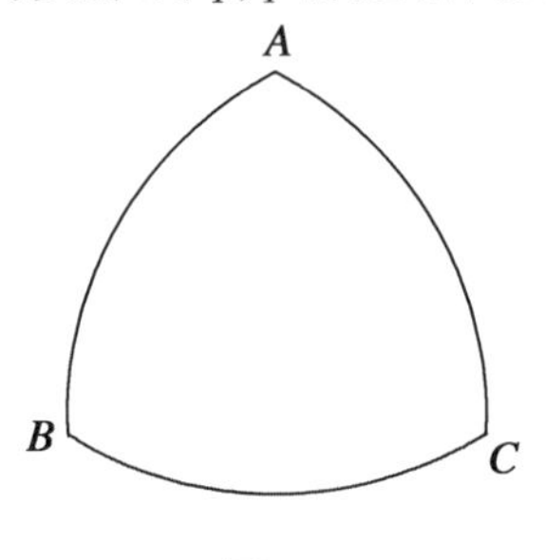

图 52

设 Q 是宽为 h 的恒宽卵形,则 h 是 Q 的任意两条平行支撑线 q 与 q'间的距离,也即最大距离. 因此,前节性质 1)~6)成立. 如对于 Q 的任一对平行支撑线 q 和 q'与 Q 的公共点 A,B 必在 q 与 q'的公垂线 AB 上(性质 3)). 每条支撑线同 Q 只有一个公共点(性质 4)),Q 的直径正好是 h(性质 5))等. 如下定理说明了恒宽凸图形的优异性质:

巴尔比耶(Барбъе)定理 宽为 h 的恒宽凸图形的边界长为 πh,即宽相同的所有恒宽凸图形周长都相等,且等于直径为 h 的圆周长.

例如,如图 52 所示的曲边三角形 ABC,由半径为 h 的三段圆弧构成,每段为圆周的$\frac{1}{6}$,故总长为 $3\times\frac{1}{6}\times 2\pi h=\pi h$.

在证明定理以前,先回顾一下凸图形 Q 的周长的定义(§3):考虑半径为$\frac{h}{2}$的圆的外切正 n 边形 C_n 和内接正 n 边形 c_n,其周长分别为 $nh\tan\frac{\pi}{n}$和 $nh\sin\frac{\pi}{n}$.圆周长夹在它们之间,且有

$$nh\tan\frac{\pi}{n} > \pi h > nh\sin\frac{\pi}{n} \tag{1}$$

且等于 $n\to\infty$ 时它们的共同极限

$$\pi h = \lim_{n\to\infty} nh\tan\frac{\pi}{n} = \lim_{n\to\infty} nh\sin\frac{\pi}{n}$$

现在作圆的外切正多边形 C_{2n},它有 n 对平行边.在圆和 C_{2n}上均规定好环绕方向.引凸图形 Q 的 $2n$ 条支撑线 $q_1,q_2,\cdots,q_{2n}$,使它们分别平行于 C_{2n}的 $2n$ 条边且方向一致.这些支撑线构成了 Q 的外切 $2n$ 边形 Q_{2n},其顶点为 $A_1,A_2,\cdots,A_{2n}$(有些顶点 $A_i,A_{i+1},\cdots$可能重合).则 Q_{2n}同样有 n 对平行边 A_iA_{i+1}和 $A_{i+n}A_{i+n+1}$ $(A_{2n+1}=A_1)$.如果 Q 是恒宽图形,那么每条边 A_iA_{i+1}同 Q 有一个公共点 B_i(由前面说的恒宽图形支撑线的性质).再作 Q 的内接多边形 Q'_{2n}:$B_1B_2\cdots B_{2n}$.其周长显然小于 Q_{2n}的周长.

这样,我们就把 Q_{2n}与 Q'_{2n}的周长当 $n\to\infty$ 时的共同极限看做 Q 的周长.我们来证明:对恒宽凸图形来说,此极限存在,如果宽为 h,此极限就等于 πh.

引理　Q'_{2n}和 Q_{2n}的周长夹在 c_n 和 C_n 之间.

我们考虑 Q_{2n}边界的一部分,它由线段 B_iA_{i+1},$A_{i+1}B_{i+1}$(分别为 Q_{2n}的边 A_iA_{i+1}和 $A_{i+1}A_{i+2}$的一部分)和线段 $B_{i+n}A_{i+n+1}$,$A_{i+n+1}B_{i+n+1}$(边 $A_{i+n}A_{i+n+1}$和 $A_{i+n+1}A_{i+n+2}$上的相对部分,图 53)组成.线段 B_iB_{i+n}是

Q 的相互平行的支撑线 A_iA_{i+1} 和 $A_{i+n}A_{i+n+1}$ 的公垂线. 延长边 A_iA_{i+1} 同 $B_{i+1}B_{i+n+1}$ 的延长线交于 D，而 $B_{i+1}B_{i+n+1}$ 是 $A_{i+1}A_{i+2}$ 和 $A_{i+n+1}A_{i+n+2}$ 的公垂线. $A_{i+1}D$ 大于 $A_{i+1}B_{i+1}$（因前者是 $B_{i+1}B_{i+n+1}$ 的斜线，后者是垂线），因此

$$|\overrightarrow{B_iD}| = |\overrightarrow{B_iA_{i+1}}| + |\overrightarrow{A_{i+1}D}| \geqslant |\overrightarrow{B_iA_{i+1}}| + |\overrightarrow{A_{i+1}B_{i+1}}| \tag{2}$$

且当边 $A_{i+1}A_{i+2}$ 缩为一点 $A_{i+1}=A_{i+2}=B_{i+1}=D$ 时等式成立. 类似地（图 53）

$$|\overrightarrow{B_{i+n}D'}| \geqslant |\overrightarrow{B_{i+n}A_{i+n+1}}| + |\overrightarrow{A_{i+n+1}B_{i+n+1}}| \tag{3}$$

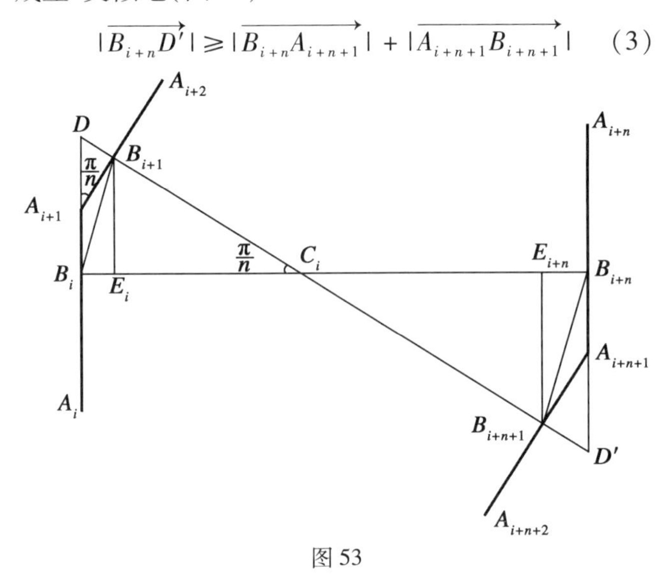

图 53

$\angle B_iC_iB_{i+1}$ 等于多边形中 $\angle B_iA_{i+1}B_{i+1}$ 的外角；由作图知，它等于正多边形 C_{2n} 的外角即 $\frac{\pi}{n}$. 我们有

$$|\overrightarrow{B_iD}| = |\overrightarrow{C_iB_i}|\tan\frac{\pi}{n},\ |\overrightarrow{B_{i+n}D'}| = |\overrightarrow{C_iB_{i+n}}|\tan\frac{\pi}{n} \tag{4}$$

由公式(2)(3)(4)得

$$(|\overrightarrow{B_iA_{i+1}}|+|\overrightarrow{A_{i+1}B_{i+1}}|)+(|\overrightarrow{B_{i+n}A_{i+n+1}}|+|\overrightarrow{A_{i+n+1}B_{i+n+1}}|)$$

$$\leqslant|\overrightarrow{B_iD}|+|\overrightarrow{B_{i+n}D'}|=(|\overrightarrow{C_iB_i}|+|\overrightarrow{C_iB_{i+n}}|)\tan\frac{\pi}{n}$$

$$=|\overrightarrow{B_iB_{i+n}}|\tan\frac{\pi}{n}=h\tan\frac{\pi}{n}$$

(因由§6中的性质5)知$|\overrightarrow{B_iB_{i+n}}|=h$),即$Q_{2n}$的周长夹在线段$B_iB_{i+n}$和线段$B_{i+1}B_{i+n+1}$之间的部分不超过$h\tan\frac{\pi}{n}$. 因此,$Q_{2n}$的周长不超过$nh\tan\frac{\pi}{n}$即$C_n$的周长.

由B_{i+1}和B_{i+n+1}引B_iB_{i+n}的垂线,垂足分别为E_i和E_{i+n}. 内接多边形Q'_{2n}的边B_iB_{i+1}和$B_{i+n}B_{i+n+1}$不小于这些垂线,故

$$|\overrightarrow{B_iB_{i+1}}|+|\overrightarrow{B_{i+n}B_{i+n+1}}|\geqslant|\overrightarrow{E_iB_{i+1}}|+|\overrightarrow{E_{i+n}B_{i+n+1}}|$$

但

$$|\overrightarrow{E_iB_{i+1}}|=|\overrightarrow{C_iB_{i+1}}|\sin\frac{\pi}{n}$$

$$|\overrightarrow{E_{i+n}B_{i+n+1}}|=|\overrightarrow{C_iB_{i+n+1}}|\sin\frac{\pi}{n}$$

因此

$$|\overrightarrow{B_iB_{i+1}}|+|\overrightarrow{B_{i+n}B_{i+n+1}}|\geqslant(|\overrightarrow{C_iB_{i+1}}|+|\overrightarrow{C_iB_{i+n+1}}|)\sin\frac{\pi}{n}$$

$$=|\overrightarrow{B_{i+1}B_{i+n+1}}|\sin\frac{\pi}{n}=h\sin\frac{\pi}{n}$$

即内接多边形Q'_{2n}各组对边之和均不小于$h\sin\frac{\pi}{n}$,所以周长不小于$nh\sin\frac{\pi}{n}$即c_n的周长. 总之

$$C_n\text{ 的周长}\geqslant Q_{2n}\text{ 的周长}\geqslant Q'_{2n}\text{ 的周长}\geqslant c_n\text{ 的周长}$$

引理得证.

当 $n\to\infty$ 时,C_n 和 c_n 的周长的极限为 πh,夹在它们之间的 Q_{2n} 和 Q'_{2n} 的周长的极限也如此,按定义,这两个周长的共同极限 πh 即为 Q 的周长. 巴尔比耶定理得证.

最后我们指出,恒宽卵形 Q 的两对互相垂直的平行支撑线 p,p' 和 q,q' 将构成同 Q 外切的正方形(图 54). Q 可以在这正方形中旋转而始终保持和它各边相切.

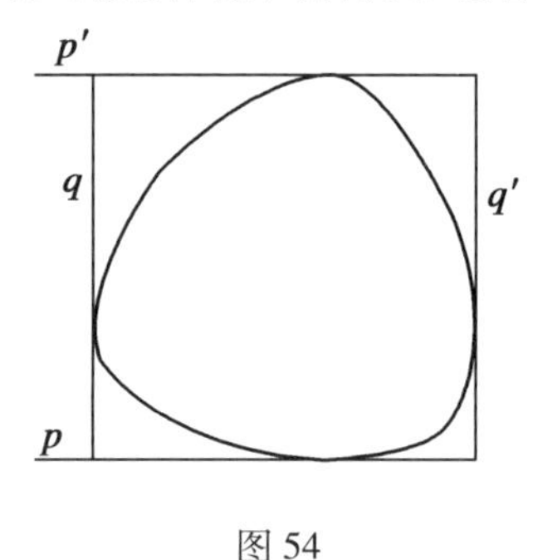

图 54

可以在正三角形内旋转的图形的性质,是恒宽卵形的性质的推广.

习　题

1. 应用凸图形的定义证明:

1) 椭圆 $\frac{x^2}{a^2}+\frac{y^2}{b^2}\leqslant 1$ 和圆 $(x-a)^2+(y-b)^2\leqslant r^2$ 都是凸图形;

2) 球是凸体.

2. 1) 直线 $\gamma_1,\gamma_2,\cdots,\gamma_n$ 分凸图形 Q 为若干部分,

试证:每部分均为凸图形.

2)应用1)简单证明平行四边形、梯形和三角形都是凸图形.

3)应用1)简单证明弓形、中心角小于 π 的扇形为凸图形.

4)证明:内角均小于 π 的多边形是凸的.

3. 试证:直线 γ 为凸图形 Q 的支撑线的充分必要条件是 γ 包含 Q 的边界点但不包含内点.

4. 若一个多边形与它任何边所在的直线同侧,则它是凸多边形,反之亦然,试证明之.

5. 试证:凸图形的内接多边形是凸多边形. 凸图形的外切多边形呢?

6. 设凸多边形 R_0 在凸多边形 R_1 的内部,那么 R_0 的周长小于 R_1 的周长,试证明之.

7. 把第6题的结论推广到一般凸图形.

8. 试证:平面 $\alpha_1,\alpha_2,\cdots,\alpha_n$ 分凸体 Q 为若干部分(均为立体),则每部分均为凸体. 推广第2题的2),3).

9. 求证:从有界凸体的内点任意引射线,只能同凸体边界交于一点.

10. 1)球面凸图形是不是三维凸图形?为什么?

2)试证:将凸多面体表面应用中心射影映射为球面,则它的每个面均映射为球面凸多边形.

11. 求证:$\lim\limits_{n\to\infty} nh\tan\dfrac{\pi}{n}=\lim\limits_{n\to\infty} nh\sin\dfrac{\pi}{n}=\pi h$.

12. 证明:1)凸多面体的面都是凸多边形;

2)凸多面体的多面角都是凸多面角.

中心对称凸图形

第2章

中心对称凸图形在理论和应用上都占有特别重要的地位. 本章将从变换和分划这两个方面深入挖掘它的性质,并叙述在覆盖和填充方面的一些结果.

§8　中心对称与平移

定义　如果 O 是线段 AB 的中点,那么就说点 A 和 B 关于点 O 对称. 如果对图形 Q 的每点 A 可在图形 Q_1 中找到关于点 O 对称的(对应)点 B,且反之亦然,我们就说 Q 和 Q_1 关于(对称中心)O 对称. 这时,我们也说 Q_1 是由 Q 通过关于点 O 的对称变换而得到的(图 55). 例如,平行四边形对边关于对角线交点相互对称(图 56).

按向量$\overrightarrow{AB}$把图形 Q 平移为图形 Q_1 是一种变换,在这种变换下,Q 的每一点 C 转换为 Q_1 的点 D,使$\overrightarrow{CD}=\overrightarrow{AB}$;反之,$Q_1$ 的每点 D 均可由 Q 的某点 C 按照等

于$\overrightarrow{AB}$的向量$\overrightarrow{CD}$移动而得到(图 57). 例如,在图 56 中,平行四边形 $A_1A_2A_3A_4$ 的边 A_2A_3 是由边 A_1A_4 按向量$\overrightarrow{A_1A_2}$平移而得到的.

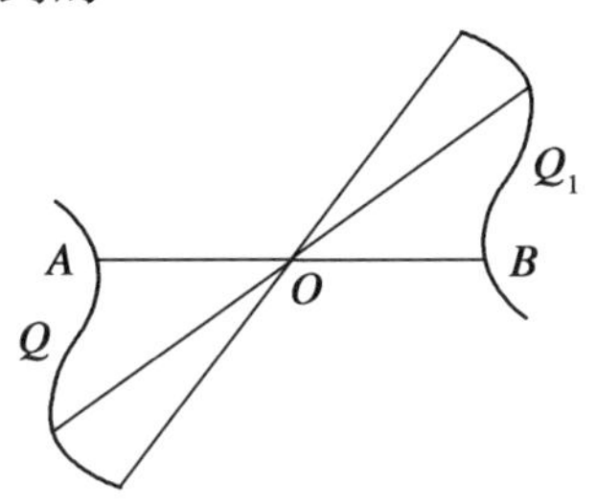

图 55

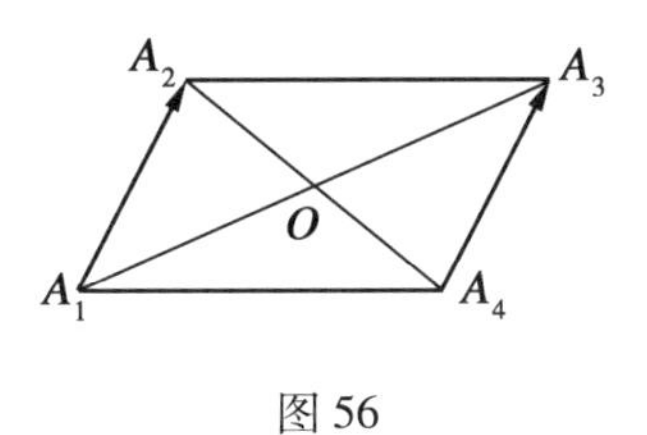

图 56

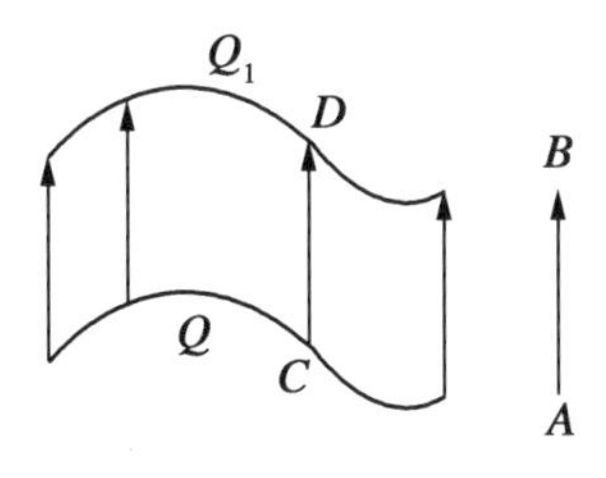

图 57

下面这个有趣的命题说明了两种变换的密切联系:如果点 A 分别关于点 O 和 O_1 对称变换为点 B 和 B_1,那么$\overrightarrow{BB_1}=2\overrightarrow{OO_1}$(图 58).

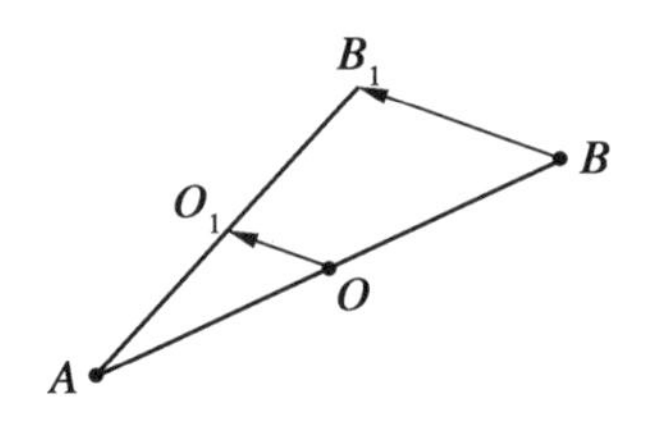

图 58

事实上,线段 OO_1 是 $\triangle BAB_1$ 的中位线,即 $OO_1 \mathrel{\underline{\underline{\parallel}}} \frac{1}{2}BB_1$. 反之,如点 A 关于点 O 对称变换为点 B,然后把 B 移到 B_1,使 $\overrightarrow{BB_1}=2\overrightarrow{OO_1}$,那么 B_1 同点 A 关于 O_1 对称.

图形的中心对称变换和平移,就是图形上所有点关于同一中心的中心对称变换和按同一向量的平移.因此,上述推理证明了如下定理.

定理 1 如果图形 Q_0 和 Q_1 分别关于点 O_0 和 O_1 同图形 Q 对称,那么 Q_1 可以由 Q_0 按等于 $2\overrightarrow{O_0O_1}$ 的向量平移而得到.

如果图形 Q 同 Q_0 关于点 O_0 对称,而 Q_1 是图形 Q_0 按向量 $\overrightarrow{AB}$ 平移的结果,那么 Q_1 同 Q 关于 O_1 对称,这里 $\overrightarrow{O_0O_1}=\frac{1}{2}\overrightarrow{AB}$.

中心对称凸图形 一个图形 Q,如果自身关于一个点 O 是对称的,就叫作中心对称图形,而点 O 称为对称中心(图 59). 如圆,椭圆,双曲线,平行四边形和平行六面体(对称中心是对角线交点),正 $2n$(n 是不小于 2 的自然数)边形,球,圆柱等都是中心对称图形.

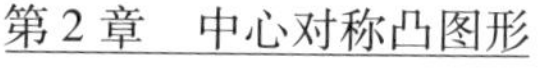

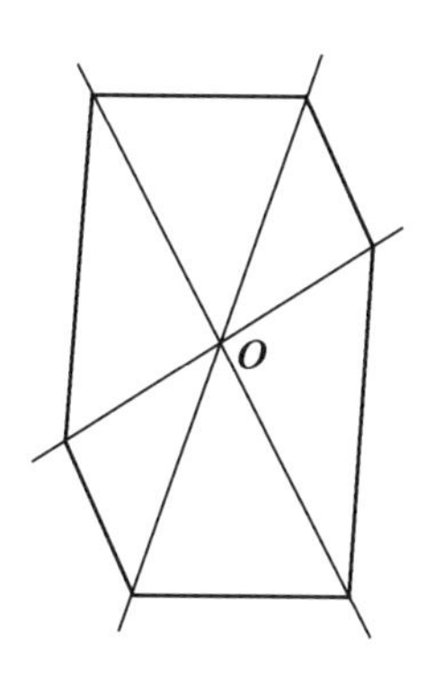

图 59

中心对称多边形(多面体)的每一边(面)分别平行且相等(全等)于它的对称边(面),且外法线方向相反. 逆命题也成立.

定理 2　如果凸多边形(多面体)Q 的每边(面)分别等于与它平行的边(面),那么 Q 是中心对称图形.

对于多边形来说(图 59),定理不难证明;对于凸多面体来说,证明却很复杂. 这时,它是如下闵可夫斯基(Минковский,1864—1909)定理的直接推论:如果多面体 Q_1 和 Q_2 的同向面均相等,那么 Q_1 可由 Q_2 通过平移而得到. 此定理将在第 5 章证明. 现应用此定理来证明定理 2.

以 Q_0 表示 Q 关于点 O 对称的多面体,则 Q 同 Q_0 的每对同向面 a 和 a_0 相等. 事实上,按定理条件,凸多面体 Q 的面 a 对应相等于它的平行面 a',且显然外法线方向相反. 当对 Q 施行关于 O 的对称变换时,a 转换为 Q_0 的面 a_0,a_0 的外法线平行于 a'的外法线,且 a_0 的面积与 a 的面积相等. 再根据闵可夫斯基定理,Q 可由 Q_0 按某向量$\overrightarrow{AB}$平移而得到. 但由定理 1 知,关于点

O 施行对称变换，再按向量$\overrightarrow{AB}$进行平移，等价于关于 O_1 的对称变换，其中$\overrightarrow{OO_1}=\frac{1}{2}\overrightarrow{AB}$. 这就是说，当进行关于 O_1 的对称变换时，Q 转换为本身，即 O_1 是 Q 的对称中心.

§9　对称多边形和多面体的分划

闵可夫斯基证明了如下定理：

如果(二维或三维)凸图形 Q 可分为有限多个中心对称的部分，那么 Q 有对称中心.

须知，定理的结论对凹图形是不一定成立的. 如在图 60 上，我们可以看到，一个凹六边形被分划为两个中心对称部分(两个平行四边形)，但它没有对称中心.

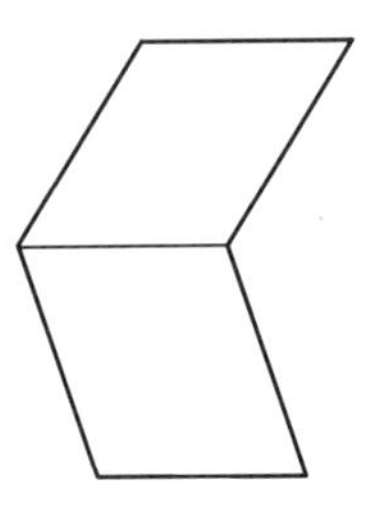

图 60

我们只证明闵可夫斯基定理的一个特殊情形：

定理 1　如果凸多边形(多面体)Q 能分为有限多个中心对称多边形(多面体)，那么 Q 有对称中心.

仅对凸多边形 Q 加以证明. 设 Q 分为中心对称多边形(不一定是凸的)$Q_1,Q_2,\cdots,Q_l$(图 61). 考虑 Q 的

长为 d 的边 a，其外法线为$\overrightarrow{AB}$. 设 Q 中平行于 a 的边 a_1 长为 d_1（如果没有这样的边，则取 $d_1=0$）. 我们来证明等式

$$d=d_1 \tag{1}$$

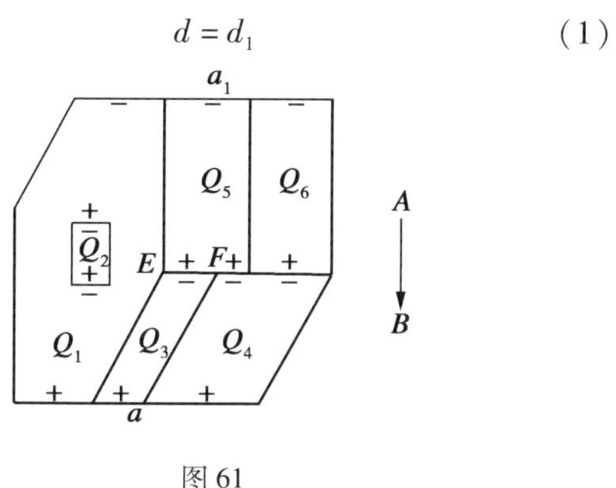

图 61

如果 $Q,Q_1,Q_2,\cdots,Q_l$ 的边的外法线平行于$\overrightarrow{AB}$，就称之为正边，如其外法线与$\overrightarrow{AB}$反向，则称之为负边（如 Q 的边 a_1）. 正负边的一部分分别称为正线段和负线段. 它们的长度添一个正负号即为它们的代数长度（数量），如边 a 和 a_1 的代数长度分别为 d 和 $-d_1$.

在中心对称多边形 $Q_1,Q_2,\cdots,Q_l$ 中，每条正边对应着长度相等的负边，因此，所有外法线同$\overrightarrow{AB}$相同或相反的边代数长度之和 $c=0$，即

$$c_1+c_2+c_3=c=0 \tag{2}$$

这里，c_1 和 c_2 分别表示 $Q_1,Q_2,\cdots,Q_l$ 在 Q 的底 a 和 a_1 上的边的代数长度之和，显然

$$c_1=d,c_2=-d_1 \tag{3}$$

而 c_3 是多边形 $Q_1,Q_2,\cdots,Q_l$ 在 Q 内（其外法线同$\overrightarrow{AB}$

相同或相反的)的边的代数长度之和. 由式(2)(3)推出

$$d - d_1 + c_3 = 0 \tag{4}$$

注意到,如果两个多边形 Q_i 和 Q_j 沿它们平行于 a 的公共线段 EF 相接(图 61),那么此线段对其中一个多边形为正边,对另一个多边形即为负边. $Q_1, Q_2, \cdots, Q_l$ 的平行于 a 且在 Q 内部的边全被分成了这种正、负线段,且每条正线段长度对应相等(事实上重合)于一条负线段,反之亦然. 因此,其代数和 $c_3 = 0$. 再应用式(4),即推出 $d - d_1 = 0$,即 $d = d_1$.

总之,这种凸多边形的每条边分别等于它的平行边,由 §8 的定理 2,Q 有对称中心.

对多面体的情况证明类似,还可证明如下两条定理.

亚历山大洛夫定理 如果凸多面体 Q 的所有面都是中心对称的,那么 Q 也是中心对称的.

定理 2 如果凸多面体 Q 中心对称,那么 Q 可被分划为平行六面体.

§10 格点最大中心对称凸图形和凸体

二维整数格点 平面上两组相交的等距平行线分平面为相等的菱形,即构成平面网格,菱形称为网眼,交点称为格点(图 62). 三组相交等距平行平面分空间为相等的平行六面体,即构成三维网格,平行六面体称为网眼,其顶点(平面的交点)称为格点. 这种格点也称为整数格点.

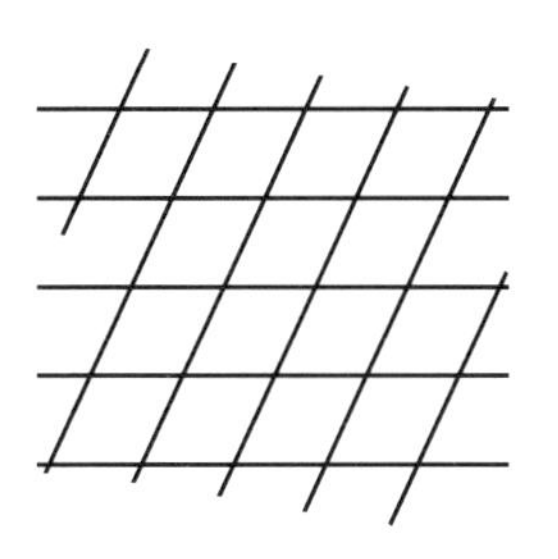

图 62

现假定网眼的面积或体积为 1,为简单起见,常取网眼为正方形或正方体,且以网中的直线为坐标轴,一个格点为坐标原点(图 63),那么所有格点坐标皆为整数,且常以 $M_{k,l}$ 表示格点(k,l). 将格点 $M_{k,l}$ 按向量$\overrightarrow{OA}$ $(O=M_{0,0},A=M_{p,r})$平移,即达到格点 $M_{k+p,l+r}$,亦即仍变换为格点.

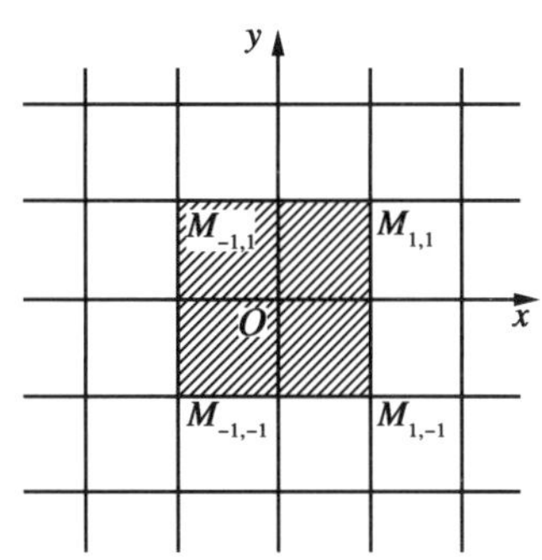

图 63

极值问题　前面我们已讨论过包含给定三点 A,B,C 的最小凸图形的问题,答案即$\triangle ABC$. 下面来讨论等周问题:寻求周长一定而面积最大的图形的问题. 先看一个与对称凸图形在整数网格中的位置有关的极值问题,这是非常有趣的.

如果 P 是图形(立体)Q 的内点,就说 Q 覆盖了点 P. 考虑平面中心对称图形,设 Q 是以格点为中心的中心对称凸图形,但不覆盖中心以外的其他格点. 闵可夫斯基提出并解决了这种图形的最大面积问题和三维的类似问题.

闵可夫斯基定理 1)以格点为中心且不覆盖其他格点的中心对称凸图形 Q 的最大面积为 4.

2)以空间格点为中心且不覆盖其他格点的中心对称凸体的最大体积为 8[①].

以 $R_{0,0}$ 表示正方形 $M_{1,1}M_{-1,1}M_{-1,-1}M_{1,-1}$(图 63),则 $R_{0,0}$即为符合条件且面积为 4 的图形. 按向量$\overrightarrow{OM_{m,n}}$平移 $R_{0,0}$,得正方形 $R_{m,n}$,其中心为 $M_{m,n}$,且面积为 4,顶点分别为 $M_{m+1,n+1}$,$M_{m-1,n+1}$,$M_{m-1,n-1}$,$M_{m+1,n-1}$.

设 $Q_{0,0}$为任一个以 $O=M_{0,0}$为中心的中心对称凸图形,我们假定除中心外,$Q_{0,0}$不覆盖任何别的格点. 以 $Q_{m,n}$表示 $Q_{0,0}$按向量$\overrightarrow{OM_{m,n}}$平移得到的图形,我们希望证明 $Q_{0,0}$即 $Q_{m,n}$的面积不超过 $R_{0,0}$的面积(4).

如果两个图形有公共内点,就说它们互相重叠. 考虑以其坐标为偶数的点 $M_{2m,2n}$为中心的全部正方形 $R_{2m,2n}$,那么整个平面被分为无穷多个这样的正方形,即全部这样的正方形无重叠地填满了全平面.

考虑所有图形 $Q_{2m,2n}$的集合,我们先证如下引理.

引理 如果 $Q_{0,0}$(除自己中心外)不覆盖任何整

① 定理在 n 维空间中也成立,这时相应的 n 维"体积"是 2^n.

数格点,那么图形 $Q_{2m,2n}$ 不互相重叠.

事实上,设分别以点 $M_{2m,2n}=M$ 和 $M_{2m',2n'}=M'$ 为中心的图形 $Q_{2m,2n}$ 和 $Q_{2m',2n'}$ 互相重叠,即有公共内点 C. 考虑两种情形:

1) C 不在直线 MM' 上(图 64). 图形 $Q_{2m,2n}$ 可由 $Q_{2m',2n'}$ 按向量 $\overrightarrow{M'M}$ 平移而得到,这时,整个在 $Q_{2m',2n'}$ 内部的线段 $M'C$ 平移到整个在 $Q_{2m,2n}$ 内部的线段 MC'. 设 C'' 是 C' 关于 M 的对称点,则 MC'' 在 $Q_{2m,2n}$ 内. 因 $M'C \mathrel{\underline{\underline{/\!/}}} MC''$,故 $MCM'C''$ 为平行四边形,对角线互相平分于 D,其坐标为整数

$$x=\frac{2m+2m'}{2}=m+m'$$

$$y=\frac{2n+2n'}{2}=n+n'$$

即 D 为格点,这同 $Q_{2m,2n}$ 中只含有格点 M 的假设相矛盾.

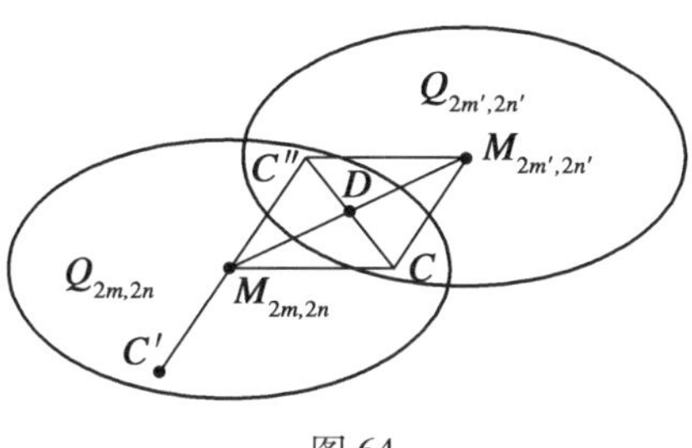

图 64

2) C 在线段 MM' 上(图 65). 因 C 为公共内点,那么就存在以 C 为中心的公共圆 E 整个包含于公共部分内. 在这圆内任取不在 MM' 上的点 C_1,则 C_1 同属于两个图形,于是归结为情形 1),也导出与假设矛盾,引理得证.

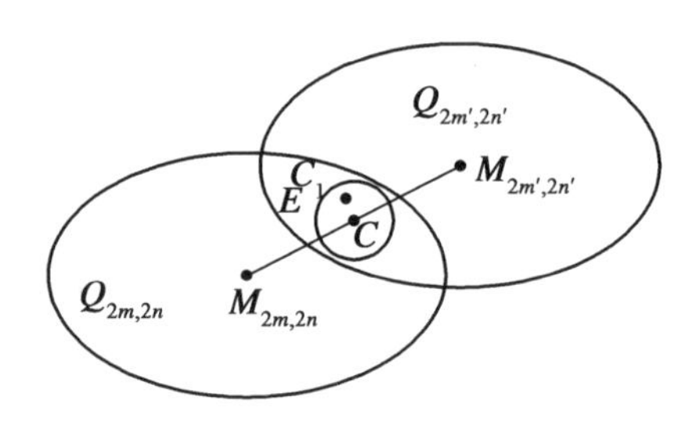

图 65

现在仍回到定理的证明.

如 $Q_{0,0}$ 整个位于正方形 $R_{0,0}$ 中,那么它的面积不超过 $R_{0,0}$ 的面积(4),则定理得证. 如果图形有一部分在 $R_{0,0}$ 之外(图 66),那么 $Q_{0,0}$ 被分为几个部分:$Q_{0,0}$ 同 $R_{0,0}$ 相交的部分 A_1 和同 $R_{2m,2n}$ 相交的部分 $A_2, A_3, \cdots, A_k$(图 66 中 $k=5$). $A_i(i=2,3,\cdots,k)$ 在以 $M=M_{2m,2n}$ 为对称中心的某一正方形 $R_{2m,2n}$ 内,$R_{-2m,-2n}$ 为 $R_{2m,2n}$ 关于原点对称的正方形,中心为 $M'=M_{-2m,-2n}$. 将平面按向量 $\overrightarrow{MO}=\overrightarrow{OM'}$ 平移,则 $R_{2m,2n}$ 变为 $R_{0,0}$,而 $R_{0,0}$ 变为 $R_{-2m,-2n}$;同时,以 M 为中心的图形变为 $Q_{0,0}$,而 $Q_{0,0}$ 变为以 M' 为中心的图形 $Q_{-2m,-2n}$;A_i 作为 $Q_{0,0}$ 同 $R_{2m,2n}$ 的交,变为 $Q_{-2m,-2n}$ 同 $R_{0,0}$ 的交 B_i,且 $A_i \cong B_i(i=2,3,\cdots,k)$.

这样,图形 $Q_{0,0}$ 的部分 $A_2, A_3, \cdots, A_k$ 分别全等于不同的图形 $Q_{2m',2n'}$ 的部分 $B_2, B_3, \cdots, B_k$,因不同的图形 $Q_{2m',2n'}$ 互不重叠,故 $R_{0,0}$ 内部的 B_i 互不重叠,且也不与 A_1 重叠. 图形 $A_1, B_2, B_3, \cdots, B_k$ 无重叠地覆盖了 $R_{0,0}$ 或其一部分,故面积和不超过 4. 但 $Q_{0,0}$ 的面积即 $A_1, A_2, \cdots, A_k$ 的面积和等于 $A_1, B_2, \cdots, B_k$ 的面积和,因此 $Q_{0,0}$ 的面积不超过 4. 定理证毕.

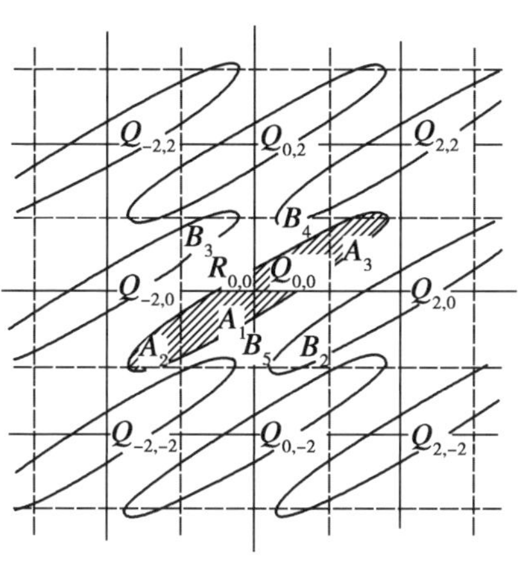

图 66

关于图形 $Q_{0,0}$ 和由它按向量 $\overrightarrow{OM_{2m,2n}}$ 平移而得到的图形 $Q_{2m,2n}$，由前面的讨论可知，$Q_{0,0}$ 的面积等于 $Q_{2m,2n}$ 在正方形 $R_{0,0}$ 内的部分 $A_1, B_2, B_3, \cdots, B_k$ 的面积之和.因此：

1）如果 $Q_{0,0}$ 的面积小于 4，那么图形 $Q_{2m,2n}$ 的部分 $A_1, B_2, B_3, \cdots, B_k$ 盖不住 $R_{0,0}$；

2）如果 $Q_{0,0}$ 的面积等于 4，那么图形 $Q_{2m,2n}$ 的部分 $A_1, B_2, B_3, \cdots, B_k$ 就无间隙地盖住正方形 $R_{0,0}$.

在后一种情形下，即当 $Q_{0,0}$ 有极大面积时，图形 $Q_{2m,2n}$（m，n 为任意整数）的部分将盖住所有正方形 $R_{2m,2n}$，从而覆盖全平面，且反过来也对，于是有如下定理.

定理　如果图形 $Q_{0,0}$ 有极大面积（4），那么 $Q_{2m,2n}$ 不重叠且无间隙地填满全平面.反之，如果以所有偶数格点为对称中心的凸图形 $Q_{2m,2n}$ 不重叠且无间隙地填满全平面，那么其面积等于 4.

这样，确定极大图形 $Q_{0,0}$ 和寻求铺满平面的图形

$Q_{2m,2n}$就成为等价问题.

三维问题 以 $R_{0,0,0}$表示中心在原点,棱平行于坐标轴且长为2的立方体,其顶点为(1,1,1),(-1,1,1),…,(1,-1,-1),它的内部只有一个整点(0,0,0).考虑内部只有一个整点(也就是它的中心)(0,0,0)的中心对称凸体 $Q_{0,0,0}$和由 $Q_{0,0,0}$按向量$\overrightarrow{OM_{2l,2m,2n}}$平移而得到的图形 $Q_{2l,2m,2n}$. 于是可类似证明:

1)凸体 $Q_{2l,2m,2n}$两两无公共内点;

2)中心对称凸体 $Q_{0,0,0}$的部分 A_1 和其他一些中心对称凸体 $Q_{2l,2m,2n}$的部分 $B_2,B_3,\cdots,B_k$ 落到中心对称凸体 $R_{0,0,0}$的内部,其体积总和等于 $Q_{0,0,0}$的体积且不超过 $R_{0,0,0}$的体积(8);

3)如果 $Q_{0,0,0}$有最大体积,那么 $Q_{2l,2m,2n}$可填满整个三维空间. 因此,寻求极大体积的中心对称凸体 $Q_{0,0,0}$的问题,归结为寻求能填满空间的中心对称凸体的问题.

§11 用凸图形填充平面和空间

填充平面 由上节可见,$Q_{2m,2n}$可以填充平面,我们来研究这种图形的形状.

平面图形 $Q_{2m,2n}$之间不重叠、无间隙,它们沿边界相接. 但凸有界图形的公共边界只能是直线段,那么每个 $Q_{2m,2n}$均为凸多边形,而 $Q_{2m,2n}$是中心对称的,故只能有偶数条边,因此,边数不小于4. 当用多边形 $Q_{2m,2n}$填充平面时,可能有两种情形:

1)多边形 $Q_{0,0}$的一条边至少相接于两个以上多边

形 $Q_{2m,2n}$；

2）$Q_{0,0}$的任一边相接于相邻多边形的一条边.

先看情形1），在多边形 $Q_{0,0}$ 和 $Q_{2m,2n}$ 的边界上规定环绕正方向为逆时针方向，则公共边必有两个相反方向. 设沿 $Q_{0,0}$的边 a 同它相邻的至少有两个多边形 $Q_{2m,2n}$和 $Q_{2m',2n'}$（图67（a）），B 为它们的共同顶点，AB，BC 分别为前一个和后一个多边形的边. 在 B 处，多边形 $Q_{2m',2n'}$与 BC 相邻的边是 BD，当正向环绕 $Q_{2m',2n'}$时，由 DB 进入 BC. 类似的，正向环绕 $Q_{2m,2n}$时，由 AB 进入 BE.

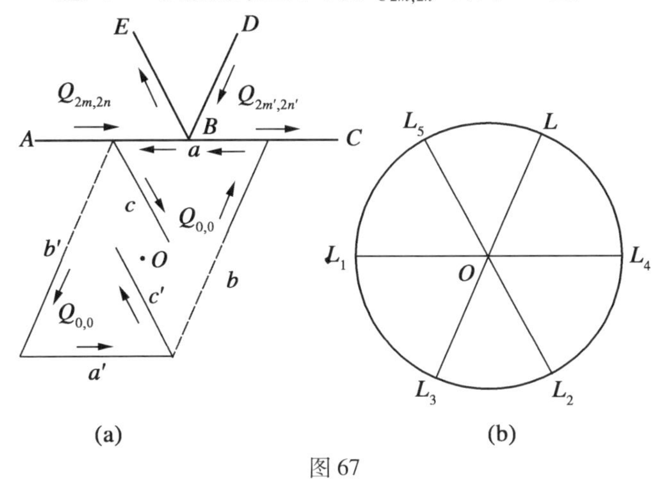

图67

设 a'是 $Q_{0,0}$中关于中心 O 同 a 对称的边. 把 $Q_{2m,2n}$平移到 $Q_{0,0}$，使 AB 重合于 a'，而 BE 重合于 $Q_{0,0}$的边 c'，即沿正向环绕 $Q_{0,0}$时 a'之后的边. 同样，当 $Q_{2m',2n'}$平移到 $Q_{0,0}$时，DB 移到 $Q_{0,0}$的边 b'，即 a'之前的边.

在 $Q_{0,0}$中，除了有边 b'，c'之外，还有同它们关于中心 O 对称的边 a，b.

须知，边 BE 不可能位于$\angle ABD$ 之外，因为那样它就会进入$\angle CBD$,而多边形$Q_{2m,2n}$与$Q_{2m',2n'}$就会相交.但它也不可能在$\angle ABD$内,下面来证明这一点.事实上,当正向环绕$Q_{0,0}$时,先走边b和a,然后走边c,接着(立刻或走几条中间边之后)是边b',然后是a',c'等.

引长为1的向量OL,OL_1,OL_2,…,其方向分别同b,a,c,…,b',a',c',…一致,其端点L,L_1,L_2,L_3,L_4,L_5,…位于以O为中心的单位圆上(图67(b));因$Q_{0,0}$为凸多边形,由§3可知,当环绕圆周时,应依次走过点L,L_1,L_2,L_3,L_4,L_5,….但在这种情况下,由于BE在$\angle ABD$内,且b与b',c与c'平行反向,则c'在b,a之间,这是矛盾的.

剩下只有一种可能:BE沿BD方向,这时边b(及其对称边b')平行于同一多边形的边c(及其对称边c').但凸多边形不会有多于两条平行边,因此,$b=c'$,$c=b'$,$Q_{0,0}$为平行四边形.

其次,我们注意到,因AB和BC都等于a,故$Q_{2m,2n}$有多于两边同$Q_{0,0}$的一边相邻是不可能的.因此情况1)中多边形$Q_{2m,2n}$的排列,必如图68所示.

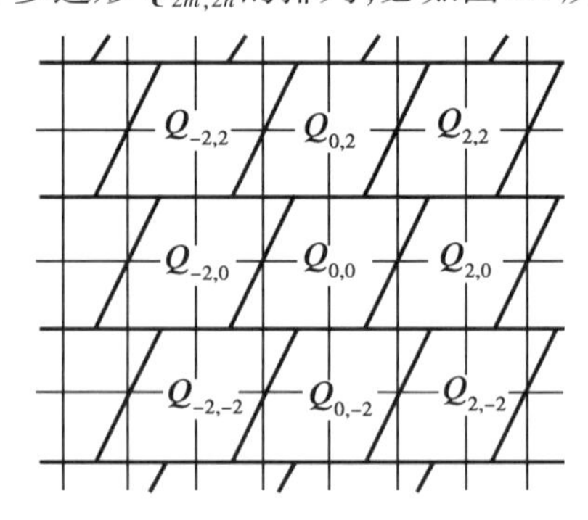

图68

现在考虑情形2).设$Q_{0,0}$沿边$\overrightarrow{BA}=a$同多边形

$Q_{2m,2n}$的边 $\bar{a}=\overrightarrow{AB}$相接(图 69). 以 a'表示 $Q_{0,0}$关于中心 O 同 a 对称的边;其次,以 $\bar{b},\bar{c}$ 表示 $Q_{2m,2n}$中同 $\bar{a}$ 相邻的边. 平移 $Q_{2m,2n}$同 $Q_{0,0}$重合,使 $\bar{a}$ 同 a'重合,$\bar{b},\bar{c}$ 分别同多边形 $Q_{0,0}$中 a'的邻边 b',c'重合.

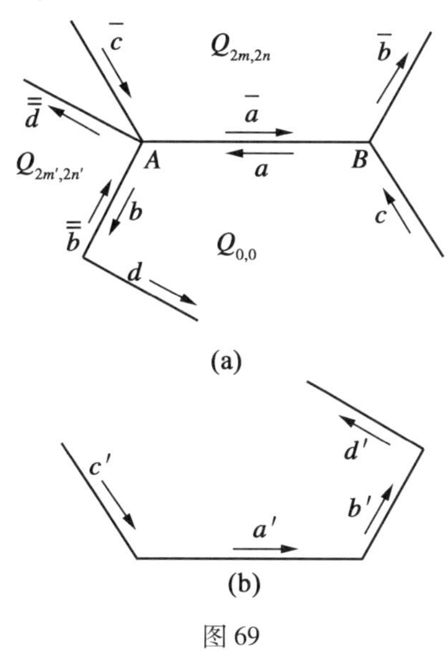

图 69

以 b 和 c 表示 $Q_{0,0}$中同 a 相邻的边,它们分别关于 O 同 b',c'对称. 现在考虑以边 $\bar{\bar{b}}$ 同 $Q_{0,0}$的边 b 相接的多边形 $Q_{2m',2n'}$. 设 $\bar{\bar{b}}$ 在点 A 的邻边是 $\bar{\bar{d}}$,平移 $Q_{2m',2n'}$与 $Q_{0,0}$重合,那么 $\bar{\bar{b}}$ 与 b'重合,$\bar{\bar{d}}$ 与 d'重合.

以 d 表示 $Q_{0,0}$中关于 O 与 d'对称的边,可能有两种情形:

1)$\bar{\bar{d}}$ 在 $\bar{\bar{b}},\bar{c}$ 构成的角内. 设 $\bar{\bar{d}}$ 不是 $\bar{a}$ 的反向延长线,重复前面的推理,即知同 $Q_{0,0}$为凸多边形的假设矛

盾（按一定方向依次走过边 $a,b,d,\cdots,c,\cdots$，使得 $Q_{0,0}$ 不是凸多边形）. 因此可设 $\overline{\overline{d}}$ 是 $\overline{a}$ 的反向延长线，那么 d 同 a'重合. 因为凸多边形不会有多于两条平行边，则 b 同 c'，d'同 a，b'同 c 重合，$Q_{0,0}$ 为平行四边形，与相邻的平行四边形沿整条边相接（图 70）.

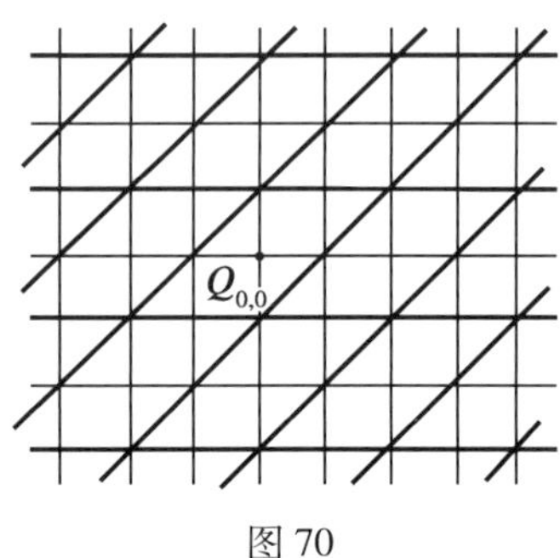

图 70

2）$\overline{d}$ 同 $\overline{c}$ 重合，那么 $Q_{0,0}$ 中平行于 $\overline{\overline{d}}$ 的边 d,d'，平行于 $\overline{\overline{c}}$ 的边 c',c 应互相平行，因此，d 与 c'重合，d'与 c 重合，这时，$Q_{0,0}$ 有六条边（$a,b,c'=d,a',b',d'=c$）（图 71）或四条边（如果邻边 b 与 c'方向一致，b'与 c 方向一致的话，图 68），即在第二种情形下，$Q_{0,0}$ 为平行四边形或中心对称六边形.

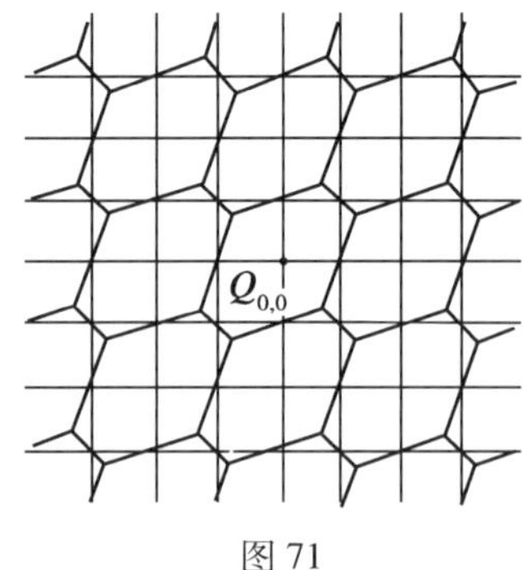

图 71

总括两种情形:无间隙且不重叠地填满平面的凸图形 $Q_{2m,2n}$ 或为中心对称六边形,或为平行四边形,于是有:

面积最大的以整数格点为中心的中心对称凸图形,如果不覆盖任何其他格点,那么必是面积为 4 的平行四边形或中心对称六边形.

并联立体　中心对称六边形和平行四边形是可并联的,即平行移动这种图形,使之沿整条边相互连接可以覆盖全平面. 类似的,它们在三维空间中是可并联的立体,即通过平移沿整面连接可填满整个空间的凸多面体. 寻求并联立体的问题是著名结晶学家费多洛夫(Е. С. Федоров ,1853—1919)在 1885 年提出并解决的.

我们指出,这种多面体是以整数格点为中心的体积最大的中心对称图形,包括有:

1)平行六面体(图 72);

2)以中心对称六边形为底的棱柱(图 73);

3)十二面体(图 74);

4)十二面体(图 75);

5)十四面体(图 76).

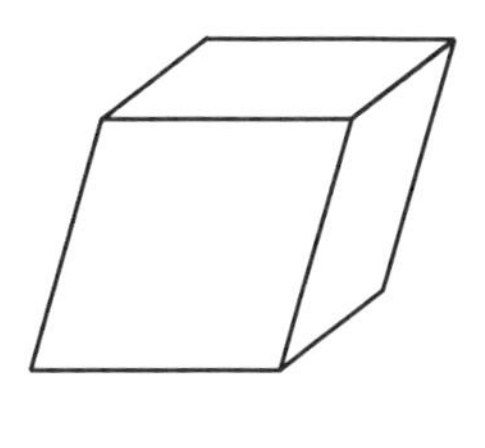

图 72

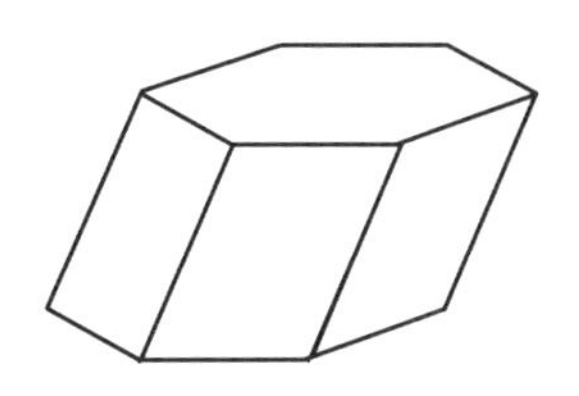

图 73

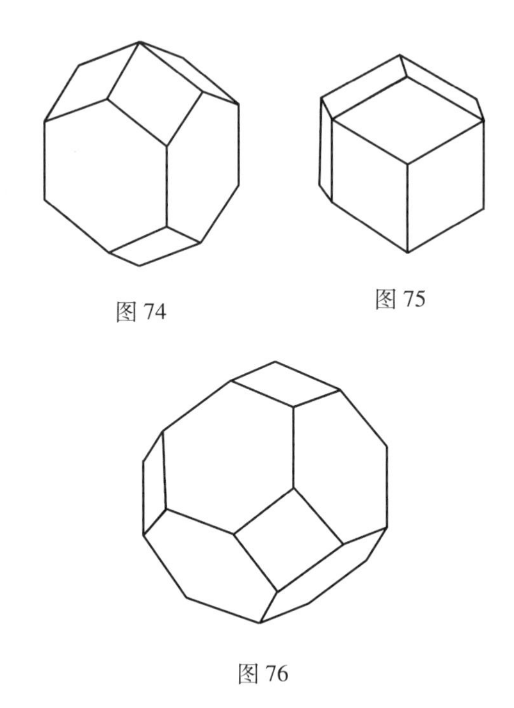

图 74

图 75

图 76

习　　题

1. 求证:偶数边的正多边形是中心对称的.

2. 五种正多面体中,哪一种是中心对称图形? 证明你的结论.

3. 试证:平行四边形、平行六面体为中心对称图形,其对称中心为对角线交点.

4. 什么样的棱柱是中心对称的? 证明你的结论.

5. 求椭圆 $12x^2+5y^2+144x-40y+452=0$ 的对称中心.

6. 求证:椭球$\frac{x^2}{a^2}+\frac{y^2}{b^2}+\frac{z^2}{c^2}\leqslant 1$是中心对称凸图形.

7. 证明:1)中心对称凸图形对称边平行且相等;

2)中心对称凸多面体对称面平行且全等.

8. 试证:中心对称凸多边形必有偶数条边.

9. 试证:中心对称多边形内任意点到各边的距离之和为定值,中心对称多面体呢?

10. 试对多边形的情况证明 §8 的定理 2.

11. 证明:对称凸图形的直径通过对称中心.

凸 多 面 体

第 3 章

§12 欧 拉 定 理

多面体,特别是凸多面体理论,是几何学中有趣的篇章之一. 学者们早在古代就开始进行这方面的研究了. 欧几里得在《几何原本》的第十三卷中就讲述了五种正多面体. 阿基米德则在"关于多面体"一文中宣布了他找到的"半正多面体". 在数学发展的各个时期,都有关于多面体的新事实发现. 本章从欧拉(Euler,1707—1783)定理开始,对多面体进行较深入的研究.

分别以 l,m,n 表示一个多面体的棱数、顶点数和面数. 那么有

欧拉定理 对任意凸多面体,成立

$$m+n-l=2 \tag{1}$$

式(1)也称为欧拉公式. 表 1 表明,欧拉定理对著名的多面体都是正确的.

表 1

凸多面体	棱数 l	顶数 m	面数 n	$m+n-l$
正四面体(图 77)	6	4	4	$4+4-6=2$
正六面体(图 78)	12	8	6	$8+6-12=2$
正八面体(图 79)	12	6	8	$6+8-12=2$
正十二面体(图 80)	30	20	12	$20+12-30=2$
六棱柱(图 73)	18	12	8	$12+8-18=2$
十二面体(图 74)	28	18	12	$18+12-28=2$
十二面体(图 75)	24	14	12	$14+12-24=2$
十四面体(图 76)	36	24	14	$24+14-36=2$
$k(k\in\mathbf{N},k\geqslant 3)$棱柱(台)	$3k$	$2k$	$k+2$	$2k+(k+2)-3k=2$
k 棱锥	$2k$	$k+1$	$k+1$	$(k+1)+(k+1)-2k=2$
正二十面体(图 81)	30	12	20	$12+20-30=2$

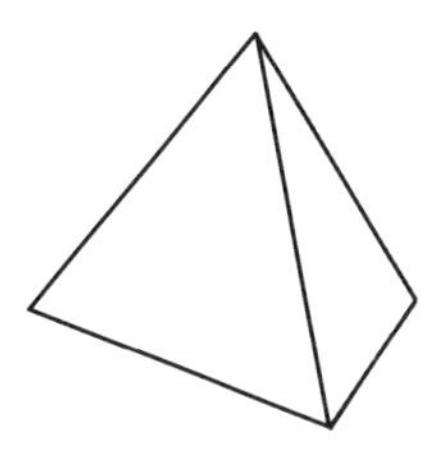

图 77

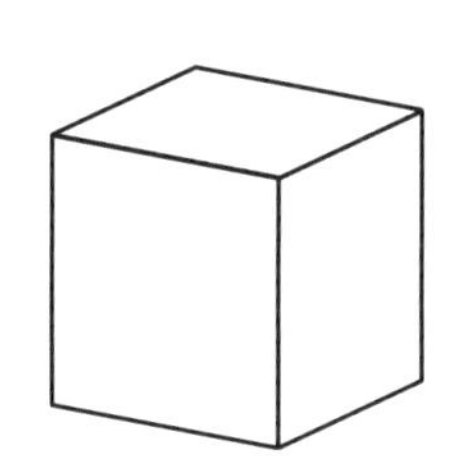

图 78

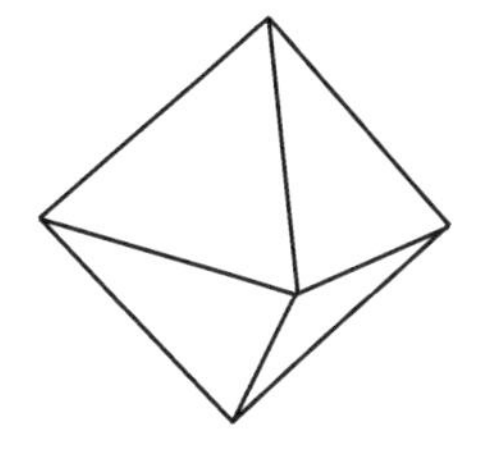

图 79

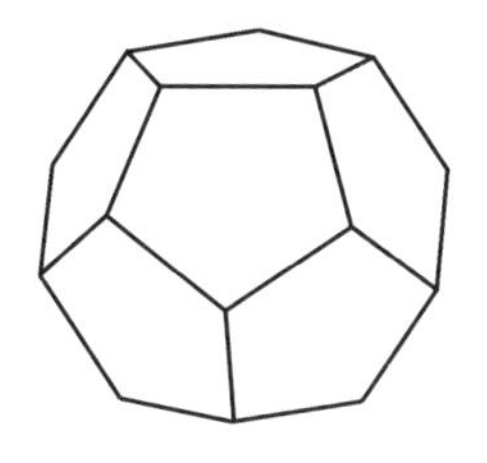

图 80

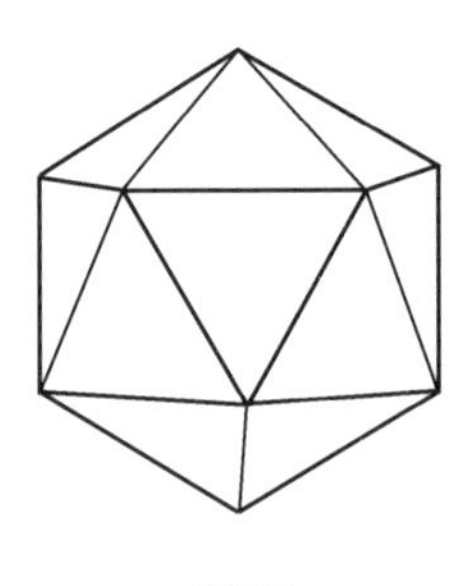

图 81

我们把曲面上有限个点(节点)、曲线(网线)和区域(由曲线围出的曲面部分)的集合称为曲面上的网络. 但应注意:网线只联结网络节点,节点只作为网线端点;两条网线只能在端点有公共节点;网线把网络划分为区域;网线不自相交.

例 1 在图 82 的网络中,$A,A_1,\cdots,A_9$ 是节点,a_1,$a_2,\cdots,a_{14}$是网线,$Q_1,Q_2,\cdots,Q_6$ 是区域.

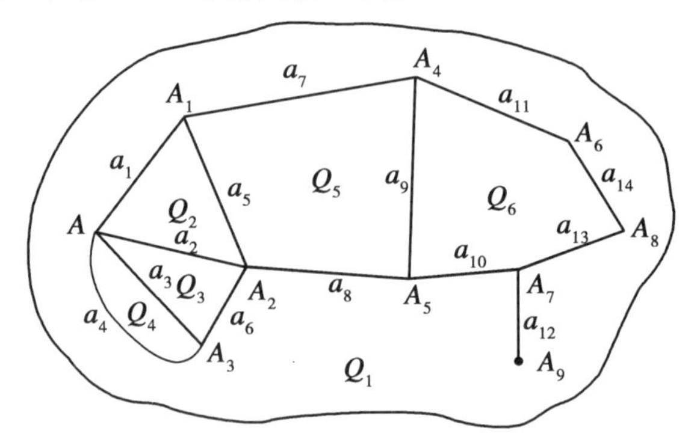

图 82

例 2 多面体表面形成自然网络,顶点为节点,棱是网线,面为区域. 这种网络将着重研究.

例 3 平面上一点 A 构成的网络称为最简网络.

它有一个节点、一个区域即整个曲面,没有网线.

例4 曲面 S 上的封闭 K 边形也是一个网络,它由 K 个节点(顶点),K 条网线(边)和两个区域(内部和外部)构成.

如果从网络上一个节点沿网线运动可到达另外任一节点,那么这个网络叫作连通的. 上面举的例子均为连通网络.

如果从网络上一个节点 A 走到节点 B 至少要走过 K 条线,就说 B 到 A 的距离为 K 步. 如图82,A_9 到 A 的距离为4步.

以 m 表示网络的节点数,n 表示区域数,l 表示网线数. 对上举各例,易于验证公式(1)是成立的. 特别对于最简网络

$$m=1,n=1,l=0$$

$$m+n-l=1+1-0=2$$

表达式 $E(K)=m+n-l$ 称为网络 K 的欧拉特征. 我们有如下一般定理.

定理 对于任意凸曲面上的连通网络,欧拉特征等于2.

关于多面体的欧拉定理,显然是它的特殊情形.

§13 欧拉定理及其推论的证明

网络变换 如下两类对连通网络施行的所谓"添线"变换或运算,是很重要的.

1) Ⅰ类添线:由网络 K 的节点引一条新线 AB(除 A 外,AB 同 K 的网线无其他公共点),使 B 不属于原网

络(如图 83 中的虚线 AB),结果得网络 K_1.

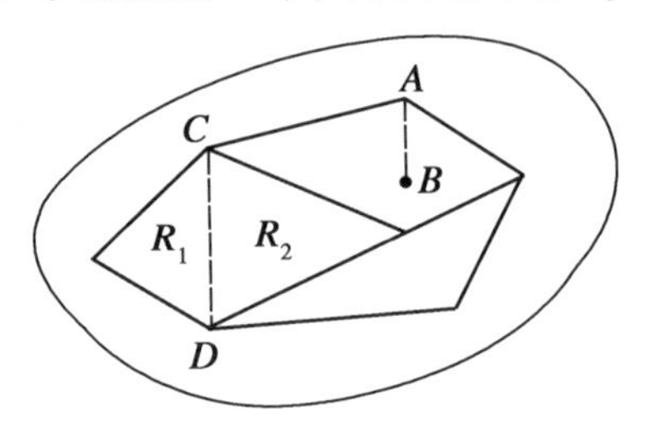

图 83

易见 K_1 比 K 多一条网线 AB 和一个节点 B,而区域数未变. 如 K 的节点、区域和网线数分别为 m,n,l,那么 K_1 的相应各数分别为$(m+1)$,n 和$(l+1)$. 显然有

$$E(K_1)=(m+1)+n-(l+1)=m+n-l=E(K)$$

2) Ⅱ类添线:将网络 K 的两个节点 C 和 D 以一条新的线 CD 联结,使得除 C,D 外,CD 同 K 的网线无其他公共点(如图 83 中的虚线 CD),我们即得新网络 K'. 显然 $E(K')=E(K)$.

于是我们得到:

引理 1 Ⅰ,Ⅱ两类添线变换均不改变凸曲面上连通网络的欧拉特征.

引理 2 凸曲面上任何连通网络 K 均可由最简网络通过Ⅰ,Ⅱ两类添线变换而得到.

设 K 为凸曲面 P 上的一个连通网络,A 为某一节点(图 82). 以 K_0 表示点 A 和 P 构成的最简网络. 考虑所有由 A 引出的网线(如图 82 中的 a_1,a_2,a_3,a_4). 依次通过Ⅰ,Ⅱ类添线从 A 引出这些线(如图 82 中,用Ⅰ类添线画出 a_1,a_2,a_3,再用Ⅱ类添线画出 a_4),结果得网络 K_1(图 82 中的由节点 A,A_1,A_2,A_3,网线 a_1,a_2,

a_3,a_4 及两个区域构成的网络). K_1 中 A 以外的节点到 A 的距离均为 1 步.

应用一系列Ⅰ,Ⅱ类添线变换把 K 中一个或两个端点属于 K_1 但本身不属于 K_1 的线(图 82 中的线 a_5, a_6,a_7,a_8)依次添入 K_1,即得新网络 K_2. K_2 中不属于 K_1 的节点(图 82 中的 A_4,A_5)作为 K 的节点来看,到 A 的距离为 2 步.

继续应用一系列Ⅰ,Ⅱ类添线变换把 K 中一个或两个端点属于 K_2 但本身不属于 K_2 的线(图 82 中的 a_9,a_{10},a_{11})依次添入 K_2,即得新网络 K_3. K_3 中不属于 K_2 的节点(图 82 中的 A_6,A_7)作为 K 的节点来看,到 A 的距离为 3 步.

这样,向网络中继续添线,将依次把 K 中距 A 4 步,5 步,……的节点和联结这些节点的线包含进去,由于 K 中的节点到 A 的距离不超过 n 步(n 为 K 中网线总数),通过不超过 n 个系列的添线变换,必得到 K. 引理 2 得证.

欧拉定理的证明 显然,$E(K_0)=2$. 由 K_0 施行一系列Ⅰ,Ⅱ类添线变换而得连通网络 K(引理 2),但每次变换均不改变网络的欧拉特征(引理 1),故$E(K)=E(K_0)=2$.

非连通网络的欧拉特征 凸曲面 Q 上的非连通网络 K 可分解为 s 个连通网络(例如,由两个封闭多边形构成的网络可分解为两个连通网络,$s=2$),其欧拉特征

$$E(K)=m+n-l=s+1 \tag{1}$$

这是连通网络($s=1$)的欧拉定理的推广.

事实上,设 K 由 s 个连通网络 $K_1,K_2,\cdots,K_s$ 构成,由 K_j 中选取节点 A_j,$j=1,\cdots,s$. 这 s 个点(没有线,有

一个区域即 Q 本身)构成 Q 上的网络 K_0,其中 $m=s$, $n=1,l=0$,故

$$E(K_0)=m+n-l=s+1-0=s+1$$

然后对 K_0 施行一系列不改变欧拉特征的Ⅰ,Ⅱ类添线变换,使 K_0 变换为 K,而 $E(K)=E(K_0)=s+1$.

几个不等式 现在考虑每个节点至少有两条线且每个区域至少由两条网线围成的网络(图 84 以及如多面体表面的自然网络). 这种网络的网线可分为两类: Ⅰ类是可作为两个区域分界的线(如多面体的棱); Ⅱ类是两侧为同一区域的线(如图 84 中的 a). 为了按某一方向环绕一个区域的边界, Ⅱ类线要走两次(如环绕 R^{I} 时,线 a 要走两次). 因此,这种线由两条线合成.

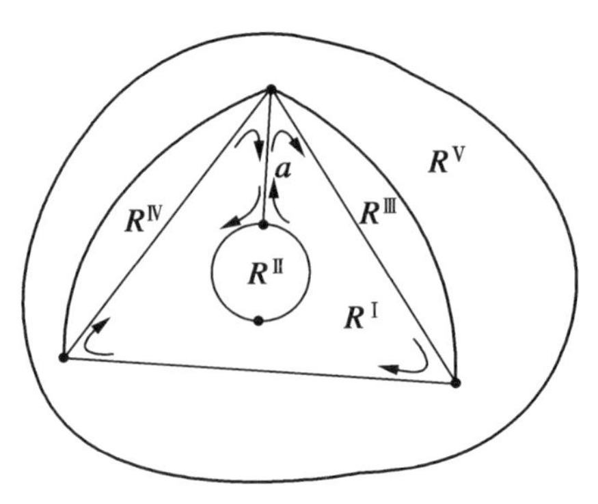

图 84

我们称由 K 条网线(Ⅱ类线每条计算两次)围成的区域为 K 边域. 如 R^{I} 为 7 边域. 以 n_i 表示一个网络中 i 边域的个数($i=2,3,\cdots,t$). 那么

$$n=n_2+n_3+\cdots+n_t \tag{2}$$

另一方面,由于 i 边域的边的总数为 in_i,而网络每

条线都计算了两次,故有

$$2l = 2n_2 + 3n_3 + \cdots + tn_t \tag{3}$$

由于在等式(1)中 $s \geqslant 1$,那么 $m + n - l \geqslant 2$,即

$$m - 2 \geqslant l - n \tag{4}$$

式(4)两边乘以4,然后把式(2)(3)代入,即得一个很有用的不等式

$$4m - 8 \geqslant 2n_3 + 4n_4 + 6n_5 + 8n_6 + 10n_7 + \cdots + (2t - 4)n_t \tag{5}$$

§14　柯西定理与基本引理

由平面几何我们知道,三角形是"稳定的",即如果边不变,则角也不变. 但多边形不然. 我们可以在不改变边的情况下把一个凸 $n(n \geqslant 4)$ 边形变成另一个凸 n 边形. 如正方形可以"压"成一个一般的菱形,边未变而四个直角有两个变成锐角两个变成钝角(图85).

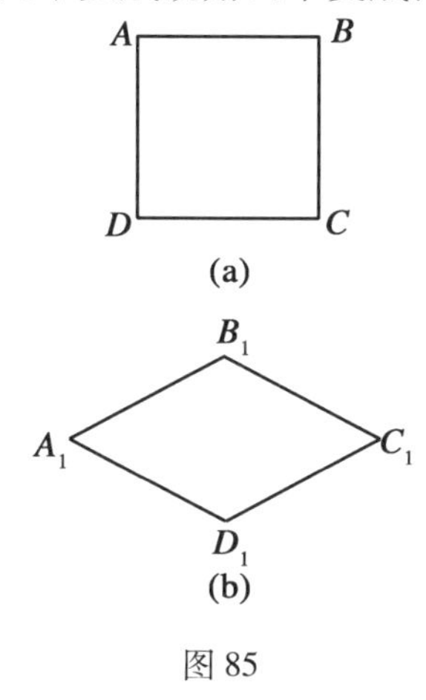

图85

这自然引起对多面体提出类似的“稳定性”问题：不改变多面体的面，能否改变它的二面角？著名法国数学家柯西（Cauchy，1789—1857）对这个问题给予否定的回答. 他在 1813 年证明了如下多面体的“稳定性”定理.

柯西定理 在两个凸多面体中，如果对应全等的面排列相同，那么对应面夹的二面角相等.

该定理也可以说成：如果对应全等的面排列也相同，那么两个凸多面体全等或对称. 在多边形中，只有三角形全等的 SSS 判定法与它类似，四边以上的多边形，没有类似定理. 但柯西定理的证明却依赖于凸多边形变换的有关引理. 我们还指出，如果放弃多面体是凸的这个条件，命题将不再正确，例如考虑六面体 Q 和 Q_1（图 86）. 凸六面体 Q 由四面体 $ABCD$ 和 $ABCE$ 沿公共面 ABC 连接而构成的. 凹六面体 Q_1 则是由同四面体 $ABCD$ 全等的四面体 $A_1B_1C_1D_1$ 沿面 $A_1B_1C_1$ 向内“钻”一个同四面体 $ABCE'$（$ABCE'$ 是同 $ABCE$ 关于面 ABC 对称的四面体）全等的四面体 $A_1B_1C_1E_1$ 形的“孔”而形成的. Q 同 Q_1 六对对应面分别全等且排列相同，但显然棱 AB 和 A_1B_1 上的二面角并不相等. 下面来证明引理.

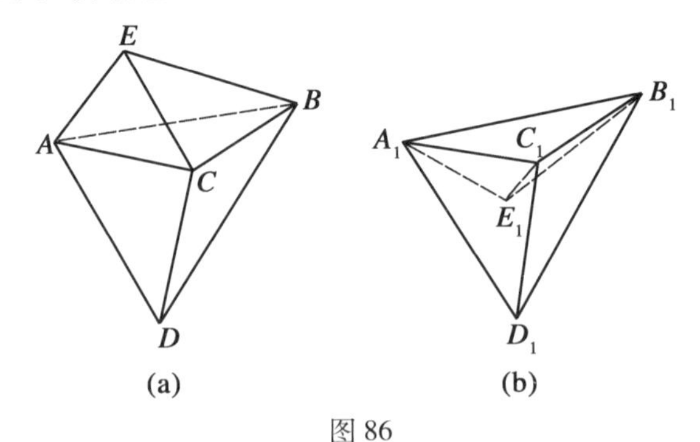

图 86

引理1　在边 $A_1A_2, A_2A_3, \cdots, A_{n-1}A_n$ 的长不变的情况下,把(平面或球面)凸多边形 $A_1A_2\cdots A_n$ 变换为凸多边形 $A_1'A_2'\cdots A_n'$,如 $\angle A_2, \angle A_3, \cdots, \angle A_{n-1}$ 全变大或一部分变大其他不变,那么 A_nA_1 的长也变大;反之,如 $\angle A_2, \cdots, \angle A_{n-1}$ 全变小或一部分变小其他不变,那么 A_nA_1 的长也变小.

对三角形来说,引理显然成立.

考虑多边形 $A_1A_2\cdots A_n$(图87),假若除 A_nA_1 外其他边长不变,而 $\angle A_2, \angle A_3, \cdots, \angle A_{n-1}$ 中有一个变大,设这个角为 $\angle A_{i-1}A_iA_{i+1}$,连 A_1A_i, A_iA_n. 由于折线 $A_1A_2\cdots A_{i-1}A_i$ 和 $A_iA_{i+1}\cdots A_{n-1}A_n$ 的每边长及其夹角均不变,因此将变成全等(就是可以重合的)折线. 那么联结它们首尾而得的线段 A_1A_i, A_iA_n 的长也不变,因此,$\alpha = \angle A_1A_iA_{i-1}$ 和 $\beta = \angle A_{i+1}A_iA_n$ 也不变. 再由三角形的性质,即知 $\angle A_{i+1}A_iA_{i-1} = \angle A_1A_iA_n + \alpha + \beta$ 同 $\angle A_1A_iA_n$ 即同 A_1A_n 一起变大.

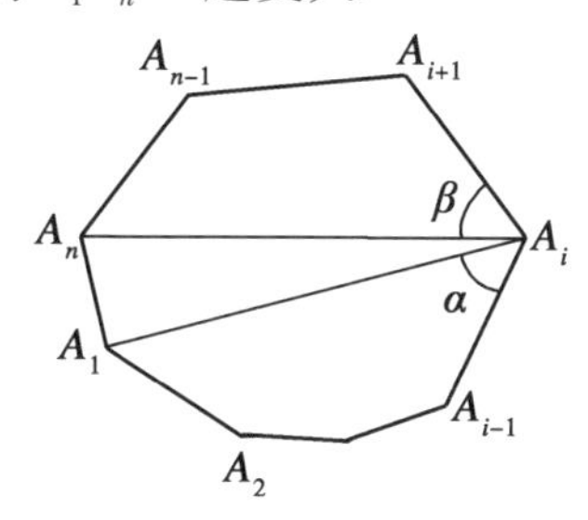

图87

下面考虑在 $\angle A_2, \cdots, \angle A_{n-1}$ 中有几个(如 $\angle A_i$, $\angle A_k, \cdots$)变大,其他保持不变的情形. 先增大 $\angle A_i$,其他角不变,那么边 A_1A_n 增大;然后保持其他角不变而增大 $\angle A_k$,边 A_1A_n 再次增大等. 总之,如 $\angle A_2, \angle A_3, \cdots$,

$\angle A_{n-1}$中所有或部分角增大,其他不变,那么 A_1A_n 增大.

类似证明减小的情形.

推论 如果把凸多边形(平面的或球面的)$A_1A_2\cdots A_n$变换为凸多边形,边长均不变,那么若已知有一个角增大,则必有另外的角减小.

例如,若$\angle A_2$ 增大,而其他所有角不变或增大,则边 A_1A_n 增大,与引理 1 矛盾. 当然,对平面 n 边形来说,应用内角和等于$(n-2)\pi$ 这一性质,也可证明这个推论.

标号 在凸多边形(图 88)的顶点标上正、负号. 当依次走过各顶点时,将有若干次从标正号的顶点走向标负号的顶点(如由点 B_1 到 C_1)或相反(如由 C_1 到 B_2),这时,我们就说有一个从正到负或从负到正的转换. 显然,当环绕多边形一周时,我们经历的两种转换次数应一样多,因而总转换次数为偶数(图 88 中有 $2\times3=6$(次)).

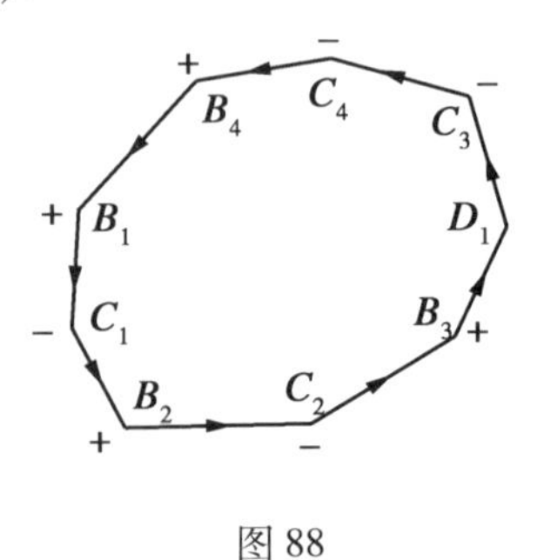

图 88

引理 2 设把(平面或球面)凸多边形变换为凸多边形,但不改变其边长. 在变换中增大的角其顶点标正号,减小的角其顶点标负号(不变的角其顶点不标

号). 当依次走遍所有标号顶点(不必回到出发点)时，两种转换均不少于 2 次(总转换次数不少于 4 次).

自然，我们指的是确实有角发生了变化的变换. 那么，按引理 1 的推论，至少有一个顶点标了正号，一个标了负号. 我们设只有一个由正到负的转换和一个由负到正的转换，那么全部标号顶点的排列分为两段，每段中顶点标号相同(可能包含若干无标号顶点). 如图 89 中的顶点按标号分为两段：$C_1C_2D_1C_3$ 和 $B_1B_2B_3$. 在线段 C_3B_1 和 B_3C_1 上分别取点 E,F，则 EF 把凸多边形分为两个："正号"凸多边形 Q_1 和"负号"凸多边形 Q_2. 将引理 1 应用于 Q_1，可知 EF 必增大；应用于 Q_2，则知 EF 必减小. 这是不可能的. 引理 2 得证.

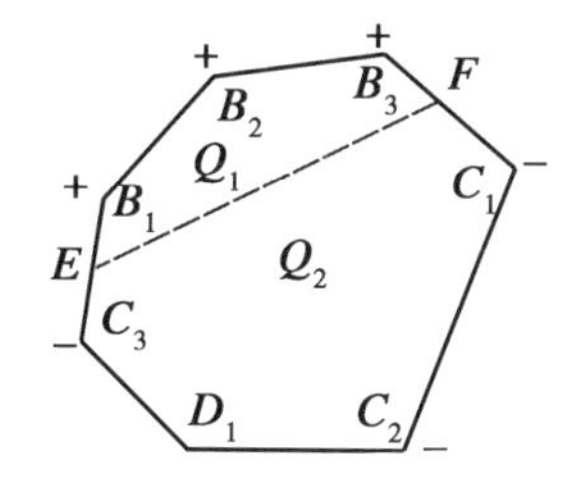

图 89

推论　如果凸多边形变换为凸多边形而边长不变，那么所有角保持不变或至少有 4 个角发生变化：至少有 2 个角增大，至少有 2 个角减小.

引理 3　设凸多面角变换为凸多面角，使得其面角不变(只有二面角改变). 在其二面角增大的棱上标正号，减小的棱上标负号(不变的不标号). 如果在变换中至少改变了一个二面角，那么当环绕顶点 O 走遍标号棱(不必回到出发的棱)时，每种转换至少有两次.

画以 O 为中心的球面 S(图 90),与凸多面角 T 的每个面 K 交得一个球大圆弧 a(设 a 对的面角为 α),所有 a 围成的凸多边形 P 就是 T 和 S 交出的球面多边形. 多面角的相邻面 K 和 K_1 之间的二面角确定 P 的邻边 a 和 a_1 所成的内角. 按定理条件变化 T 时,P 也变化. 各平面角 α 不变,各 a 也不变. 只可能变化 P 的内角:它们同对应的二面角同时增大或减小. 由于引理 2 对球面凸多边形也正确,故引理 3 得证.

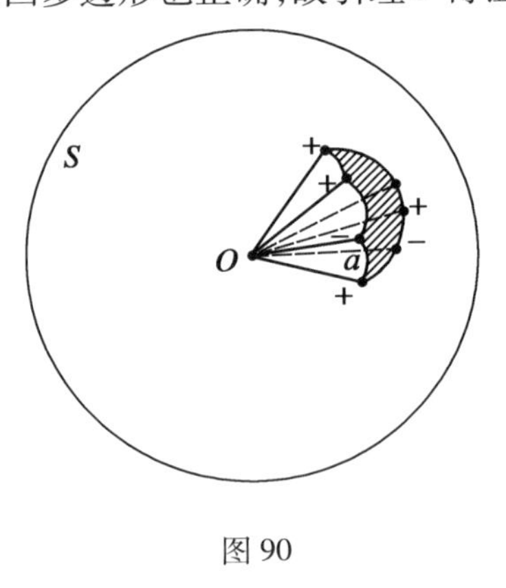

图 90

§15　柯西定理的证明

这节我们来证明柯西基本定理.

考虑两个对应面全等且排列相同的多面体 Q 和 Q_1. 如果 Q 某一棱上的二面角大于 Q_1 对应棱上的二面角,就标上正号,小于的就标上负号,等于的就不标号. 如果 Q 没有任何棱标上"+"或"−",那么 Q 与 Q_1 所有二面角对应相等,则定理成立. 假若存在标了

“+”或“-”的棱，我们证明这将导致同欧拉定理推论相矛盾.

设由 Q 的一个顶点引出标了“+”或“-”的棱，由§14 的引理3 推知，由此顶点引出的棱至少有4条标了“+”或“-”，且相继穿过（即由一条棱到相邻的棱）这些棱时，有不少于4次正负号间的转换. 标了“+”或“-”的棱，在 Q 的表面构成了网络 K（K 的区域由 Q 的一个或几个面构成）. 分别以 $a_3,a_4,\cdots$ 表示 K 的三边域，四边域，…的个数. 其次，以 M 表示 K 中相邻棱标号正负间转换的总数. 由于从 K 的每个节点出发的棱标号转换不少于4次，如以 m 表示 K 的节点数，则

$$M \geqslant 4m \tag{1}$$

另一方面，当环绕网络的每个区域边界时，只可能有偶数次正负标号间的转换. 设环绕 t 边域时，转换次数为 n_t，那么 t 为偶数时，$n_t \leqslant t$，t 为奇数时，$n_t \leqslant t-1$，$n_3 \leqslant 2$，$n_4, n_5 \leqslant 4$，$n_6, n_7 \leqslant 6$，…. 由于 t 边域的个数为 a_t，那么 K 的相邻棱标号正负间转换总数 M 不超过

$$2a_3+4a_4+4a_5+6a_6+6a_7+8a_8+8a_9+\cdots \tag{2}$$

再由不等式(1)得

$$4m \leqslant 2a_3+4a_4+4a_5+6a_6+6a_7+8a_8+8a_9+\cdots \tag{3}$$

另外，在§13 中作为欧拉定理推论曾得到（§13 中的不等式(5)）

$$4m-8 \geqslant 2a_3+4a_4+6a_5+8a_6+10a_7+12a_8+14a_9+\cdots \tag{4}$$

式(4)减去式(3)得

$$-8 \geqslant 2a_5+2a_6+4a_7+4a_8+6a_9+\cdots$$

左边是负数,右边是非负数,因此上面的不等式为矛盾不等式.定理得证.

推论 凸多面体保持所有面同自己全等的唯一可能的连续变换是刚体运动.

事实上,凸多面体应永远保持(由于柯西定理)全等或同自己对称,因假设为连续变换,所以变为同自己对称是不可能的(当然,如果它本身不对称的话).这就证明了多面体连续变换只能变为同自己全等,即为刚体运动.

史金尼茨对柯西定理证明的补充 柯西为了确立他的定理提出的证明,无疑是几何学中的著名杰作.但证明中存在着实质性缺陷,这主要是由于在增大凸图形内角时可能变成凹图形而引起的.史金尼茨发现了这一缺陷并进行了补充.

先举一个简单的例子来说明:在 $n-1$ 条边不变的条件下,增大凸 n 边形的一个角,可以导致凸多边形变成凹多边形.而对于凹多边形,这时第 n 条边不一定增加.

图 91 中给出了两个凸四边形 ABB_1A_1 和 ACC_1A_1,它们有公共边 AA_1 和另外两组相等的对应边:$AB=AC$,$A_1B_1=A_1C_1$.由前者变为后者,应保持 AA_1,AB,A_1B_1 三边长度不变而增大 $\angle BAA_1$(直到与 $\angle CAA_1$ 重合),然后再增大 $\angle B_1A_1A$(直到与 $\angle C_1A_1A$ 重合)(在柯西对其引理 1 的证明中,正是这样一个接一个来增大角的).但易见,在完成第一步时得到的是凹多边形 AA_1B_1C,下一步增大 $\angle B_1A_1A$ 时,CB_1 变为 CC_1 并没有变长.

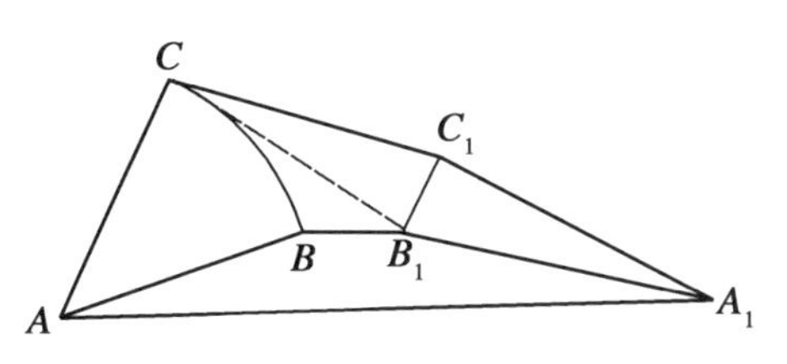

图 91

但 §14 的引理 1 仍是正确的(因而,柯西依之对定理的证明也是正确的). 下面叙述史金尼茨的精确(从而显得冗长)证明.

应用归纳法. 对三角形,引理正确. 设它对凸 $n-1$ 边形正确,我们来证明它对 $n(n\geqslant 4)$ 边形也正确.

设给定两个凸多边形 $A_1A_2\cdots A_n$ 和 $B_1B_2\cdots B_n$,其中

$$A_1A_2=B_1B_2,A_2A_3=B_2B_3,\cdots,A_{n-1}A_n=B_{n-1}B_n \quad (5)$$

$$\angle A_2\leqslant\angle B_2,\angle A_3\leqslant\angle B_3,\cdots,\angle A_{n-1}\leqslant\angle B_{n-1} \quad (6)$$

且至少有一个以严格不等号连接:$\angle A_i<\angle B_i$. 要求证明不等式 $A_nA_1<B_nB_1$.

首先,当式(6)中至少有一个等式时,$A_nA_1<B_nB_1$ 成立. 事实上,如图 92,设 $\angle A_j=\angle B_j$,那么 $\triangle A_{j-1}A_jA_{j+1}\cong\triangle B_{j-1}B_jB_{j+1}$,则有

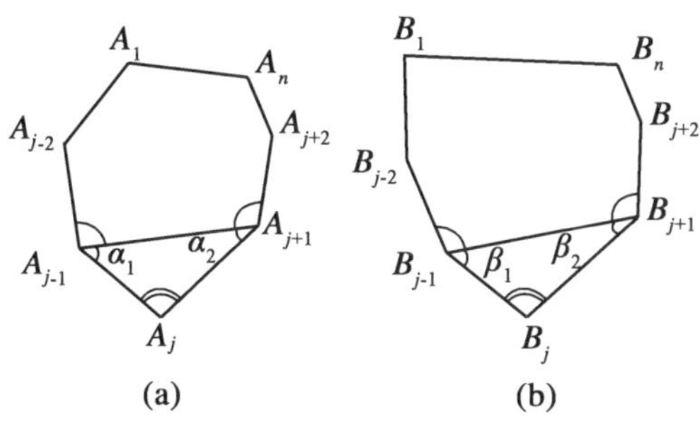

图 92

$$A_{j-1}A_{j+1}=B_{j-1}B_{j+1}$$

及
$$\angle\alpha_1=\angle\beta_1,\angle\alpha_2=\angle\beta_2$$

那么,在凸 $n-1$ 边形 $A_1A_2\cdots A_{j-1}A_{j+1}\cdots A_n$ 和凸 $n-1$ 边形 $B_1B_2\cdots B_{j-1}B_{j+1}\cdots B_n$ 中,有

$$A_1A_2=B_1B_2,\cdots,A_{j-1}A_{j+1}=B_{j-1}B_{j+1},\cdots,A_{n-1}A_n=B_{n-1}B_n$$
$$\angle A_2\leqslant\angle B_2,\cdots,\angle A_{j-2}\leqslant\angle B_{j-2}$$
$$\angle A_{j-1}-\alpha_1\leqslant\angle B_{j-1}-\beta_1$$
$$\angle A_{j+1}-\alpha_2\leqslant\angle B_{j+1}-\beta_2$$
$$\angle A_{j+2}\leqslant\angle B_{j+2},\cdots,\angle A_{n-1}\leqslant\angle B_{n-1}$$

且在角的不等式中至少有一个严格不等式成立,由归纳假设知 $A_nA_1<B_nB_1$.

下面考虑式(6)中均为严格不等式的情形. 设 $\gamma=\angle A_{n-2}A_{n-1}A_n'=\angle B_{n-2}B_{n-1}B_n'$是夹在$\angle A_{n-1}$和$\angle B_{n-1}$之间的角(图 93). 在 n 边形 $A_1A_2\cdots A_n'$和 $B_1B_2\cdots B_n'$中,还有 $A_{n-1}A_n=A_{n-1}A_n',B_{n-1}B_n=B_{n-1}B_n'$. 如果这两个多边形仍是凸的,那么按前面的证明,知 $A_n'A_1<B_n'B_1$. 另一方面,两个多边形 $A_1A_2\cdots A_{n-1}A_n$ 和 $A_1A_2\cdots A_{n-1}A_n'$归结为第一种情形(因它们在顶点 $A_2,A_3,\cdots,A_{n-2}$处的角相等,在 A_{n-1}处,第二个多边形的角较大),即 $A_1A_n<A_1A_n'$,由同样的理由知 $B_1B_n'<B_1B_n$,再由 $A_1A_n'<B_1B_n'$即知 $A_1A_n<B_1B_n$.

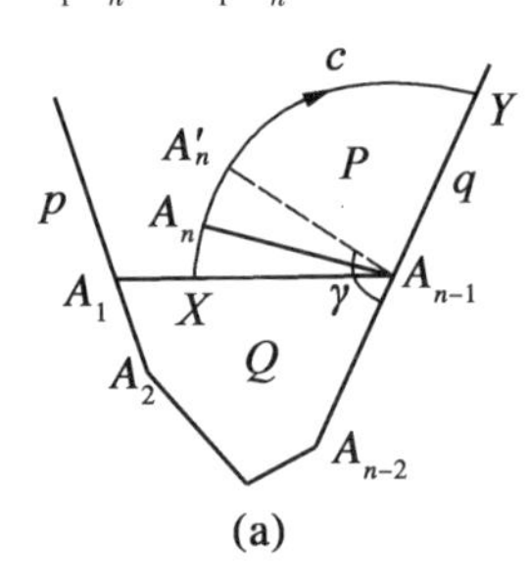

(a)

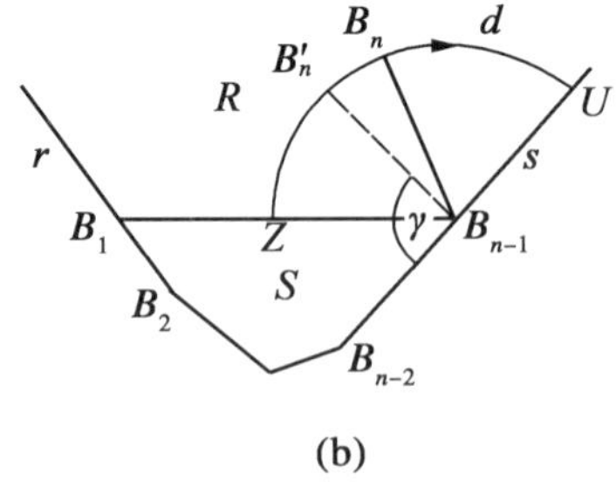

(b)

图 93

下面只需考虑当旋转边 $A_{n-1}A_n$ 和 $B_{n-1}B_n$ 使之分别同边 $A_{n-2}A_{n-1}$ 及 $B_{n-2}B_{n-1}$ 构成相等角时，如果原多边形是凸的，是否所得多边形仍是凸的.

以 p 和 q 分别表示 A_2A_1 和 $A_{n-2}A_{n-1}$ 的延长线，以 P 表示由 p,q 和 A_1A_{n-1} 围成的平面部分（P 可能是有限的，如图 94，95 所示；也可能是无限的，如图 93，96，97 所示）；同样，以 R 表示由 B_2B_1 的延长线 r，$B_{n-2}B_{n-1}$ 的延长线 s 和 B_1B_{n-1} 围成的平面部分.

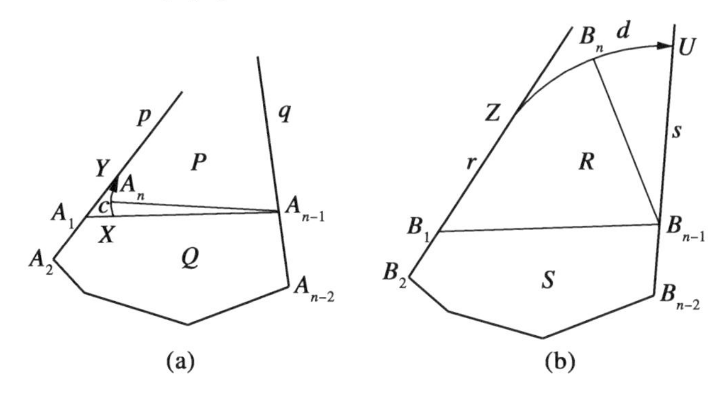

图 94

只要 $A_{n-1}A_n'$ 在 P 中，多边形 $A_1A_2\cdots A_{n-1}A_n'$ 总是凸的，而只要 $B_{n-1}B_n'$ 在 R 中，多边形 $B_1B_2\cdots B_{n-1}B_n'$ 就是凸的. 以 A_{n-1} 为心作半径等于 $A_{n-1}A_n$ 的圆弧，它包含 A_n 且在 P 内，其一个端点 X 在 A_1A_{n-1} 上（图 93，94，95）或在 p 上（图 96，97），另一个端点 Y 在 q 上（图 93，96，97）或 p 上（图 94，95）. 只要 A_n 在 $\overset{\frown}{XY}$ 上运动，多边形 $A_1A_2\cdots A_{n-1}A_n'$ 就是凸的.

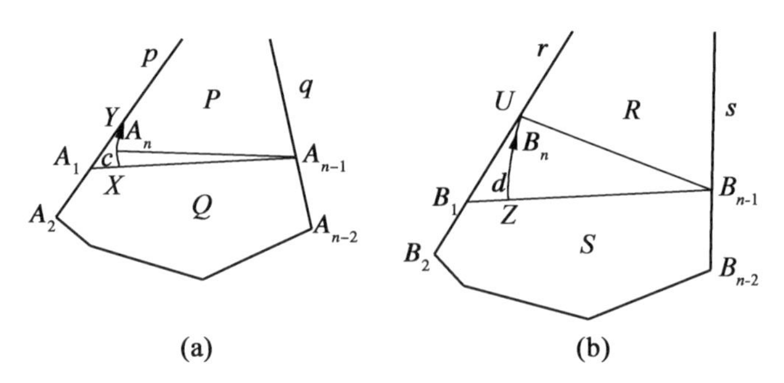
p
P
q
Y
A_n
A_1
c
A_{n-1}
X
Q
A_2
A_{n-2}
r
U
R
s
B_n
d
B_1
B_{n-1}
Z
S
B_2
B_{n-2}
(a)
(b)

图 95

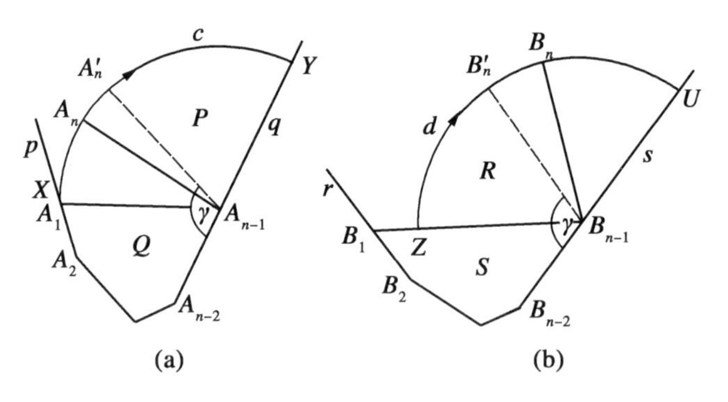
c
A'_n
Y
A_n
P
q
p
X
A_1
γ
A_{n-1}
Q
A_2
A_{n-2}
B_n
B'_n
U
d
R
s
r
γ
B_1
Z
B_{n-1}
S
B_2
B_{n-2}
(a)
(b)

图 96

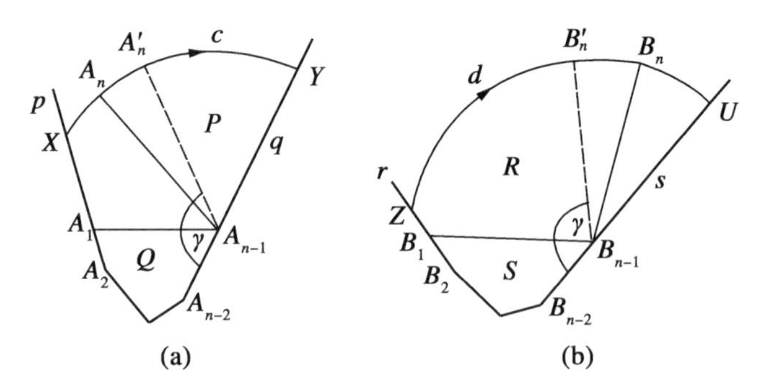
A'_n
c
A_n
Y
p
P
X
q
A_1
γ
A_{n-1}
Q
A_2
A_{n-2}
B'_n
B_n
d
U
R
r
s
Z
γ
B_1
B_{n-1}
B_2
S
B_{n-2}
(a)
(b)

图 97

类似的,在 R 中画弧$\overset{\frown}{ZU}$(B_{n-1}为圆心,$B_{n-1}B_n$ 为半径);Z 在 B_1B_{n-1}上(图 93,95,96)或在 r 上(图 94,97),U 在 s 上(图 93,94,96,97)或在 r 上(图 95). 只要 B'_n在$\overset{\frown}{ZU}$上变动,多边形 $B_1B_2\cdots B_{n-1}B'_n$总是凸的.

由于上面的说明,如在$\overset{\frown}{XY}$和$\overset{\frown}{ZU}$上分别求得点A'_n和B'_n,使$\angle A_{n-2}A_{n-1}A'_n=\angle B_{n-2}B_{n-1}B'_n$,则定理得证. 由于考虑的是式(6)中均为严格不等式的情形,即

$$\angle A_{n-2}A_{n-1}A_n<\angle B_{n-2}B_{n-1}B_n \tag{7}$$

其次,由于 $A_1A_2\cdots A_n$ 为凸多边形,A_n 不会同 X,Y 重合(图 93 ~97),故

$$\angle A_{n-2}A_{n-1}X<\angle A_{n-2}A_{n-1}A_n<\angle A_{n-2}A_{n-1}Y \tag{8}$$

同样

$$\angle B_{n-2}B_{n-1}Z<\angle B_{n-2}B_{n-1}B_n<\angle B_{n-2}B_{n-1}U \tag{9}$$

有两种情形:

1) $\angle B_{n-2}B_{n-1}Z<\angle A_{n-2}A_{n-1}Y$;

2) $\angle B_{n-2}B_{n-1}Z\geqslant\angle A_{n-2}A_{n-1}Y$.

对情形 1)(图 93,95,96,97,98,但图 95 和 98 可看作情形 1),也可看作情形 2)),可求得这样的角 γ,使

$$\begin{cases}\angle A_{n-2}A_{n-1}A_n<\gamma<\angle B_{n-2}B_{n-1}B_n\\ \angle B_{n-2}B_{n-1}Z<\gamma<\angle A_{n-2}A_{n-1}Y\end{cases}$$

(因右边的每个角大于左边的每个角),即可以分别在$\overset{\frown}{A_nY}$和$\overset{\frown}{ZB_n}$上求得点 A'_n和 B'_n,使 $\angle A_{n-2}A_{n-1}A'_n=\gamma=\angle B_{n-2}B_{n-1}B'_n$,从而引理得证.

对情形 2),点 Y 不会在 q 上(因为这样就使$\angle A_{n-2}A_{n-1}Y=\pi$,成为情形 1)),那么 Y 在 p 上(图 94),即 X 在 A_1A_{n-1}上. 至于 Z,可能在 r 上(图 94)或在 B_1B_{n-1}上(图 98).

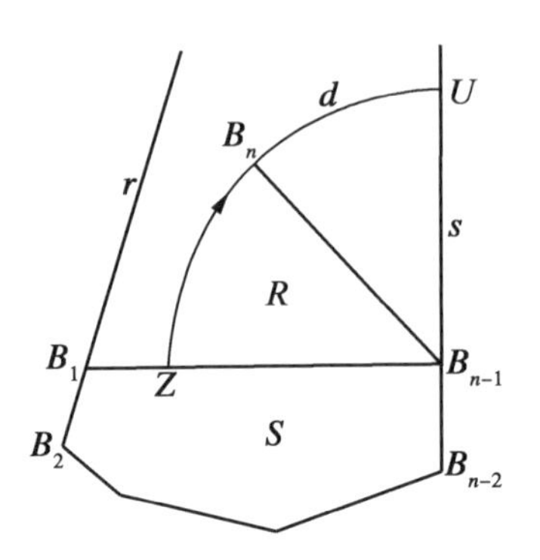

图 98

设 Z 在 r 上(图 94),在 $n-1$ 边形 $A_2A_3\cdots A_{n-1}Y$ 和 $B_2B_3\cdots B_{n-1}Z$ 中,$A_2A_3=B_2B_3,\cdots,A_{n-2}A_{n-1}=B_{n-2}B_{n-1}$,且 $A_{n-1}Y=A_{n-1}A_n=B_{n-1}B_n=B_{n-1}Z$. 同时,由于情形 1)中的不等式 $\angle B_{n-2}B_{n-1}Z<\angle A_{n-2}A_{n-1}Y$ 及不等式(6),有 $\angle B_3>\angle A_3,\cdots,\angle B_{n-1}>\angle A_{n-1}$. 由归纳假设知

$$B_2Z>A_2Y \tag{10}$$

由这个不等式两边分别减去 B_2B_1 和 A_2A_1,得

$$B_1Z>A_1Y \tag{11}$$

考虑 $\angle YA_1A_{n-1}$(图 94),$\overset{\frown}{XY}$在这个角内,中心 A_{n-1} 在边 A_1A_{n-1}上,沿$\overset{\frown}{XY}$由 X 到 Y 运动,显然我们将远离 A_1,因此

$$A_1Y>A_1A_n \tag{12}$$

相反,有

$$B_1Z<B_1B_n \tag{13}$$

由不等式(11)(12)(13),即得不等式 $B_1B_n>A_1A_n$.

剩下最后一种,即当 Z 在 B_1B_{n-1}上(图 98 以及图 94 中的左图结合成对应的图)的情形. 那么对 $n-1$ 边

形 $A_2A_3\cdots A_{n-1}Y$ 和 $B_2B_3\cdots B_{n-1}Z$，保持前面所有关系，但 $A_2Y<B_2Z$（即不等式(10)），因为 $A_2Y=A_1A_2+A_1Y$，$B_2Z<B_1B_2+B_1Z$（三角形两边之和大于第三边），那么 $A_1A_2+A_1Y<B_2Z<B_1B_2+B_1Z$. 但 $A_1A_2=B_1B_2$，于是有 $A_1Y<B_1Z$. 已经证实 $A_1A_n<A_1Y$（见不等式(12)），以及 $B_1Z<B_1B_n$（图98，不等式(13)），因此也有 $A_1A_n<B_1B_n$. 引理1全部证毕.

补充　我们称两个曲面是等距的(isometric)，如果在它们之间可以建立拓扑对应，使一个曲面上每条曲线对应另一曲面上一条等长曲线. 显然，服从柯西定理条件的两个多面体表面是等距的，因为它们的每一部分对应全等且排列相同. 1941年，奥洛夫扬希科夫(С. П. Оловянщиков)对柯西定理进行了实质性推广，他证明了：任何同凸多面体表面等距的凸曲面必同凸多面体表面全等或对称. 1949年，数学家波哥列洛夫(А. В. Погорелов)终于证明：任意两个等距凸曲面必全等或对称.

§16　史金尼茨定理

关联　为了更一般地研究多面体的理论，需要引进"关联"概念. 我们说元素 A 关联 B，是指 A 含 B 或 B 含 A. 例如，若多面体的棱 p 是面 a 的一条边，就称 p 关联 a，也说 a 关联 p；而顶点 A 关联棱 p(也说 p 关联 A)是指 A 是 p 的一个端点；同样，顶点和面可以互相关联. 但两个同类元素(两个顶点、两条棱、两个面)之间不能互相关联.

凸多面体表面形成的网络有如下性质:

1. a)每条棱恰关联两个顶;

b)每条棱恰关联两个面;

2. a)两个顶最多关联一条棱;

b)两个面最多关联一条棱;

3. a)任何顶至少关联三个面;

b)任何面至少关联三个顶.

对曲面上任意网络,以后我们把它的区域、网线和节点分别称为面、棱和顶. 如果凸曲面上的网络满足条件1~3,就称为抽象多面体. 显然,通常的多面体是它的特例.

两个抽象多面体称为等价的,如果它们的顶、棱、面间可以建立一一对应且保持相同的关联性,即一个多面体的一对关联元素在另一个多面体的对应元素也是关联的.

例 所有四面体是相互等价的. 所有平行六面体等价于立方体.

法国数学家史金尼茨证明了下面这个多面体理论中的基本定理.

定理1 对于任意抽象多面体,存在同它等价的凸多面体. 有时也说成:抽象多面体可以用凸多面体来实现.

面的分划 为了证明这个定理,需要如下预备知识. 考虑对多面体的面的如下分划:

Ⅰ类分划:以线 AB 联结面 a 的两个(不相邻)顶点 A 和 B,分 a 为两部分 a_1 和 a_2(图99).

Ⅱ类分划:以线 AB 联结面 a 的顶点 A 和不同 A 关联的边内一点 B,分 a 为两部分 a_1 和 a_2(图100).

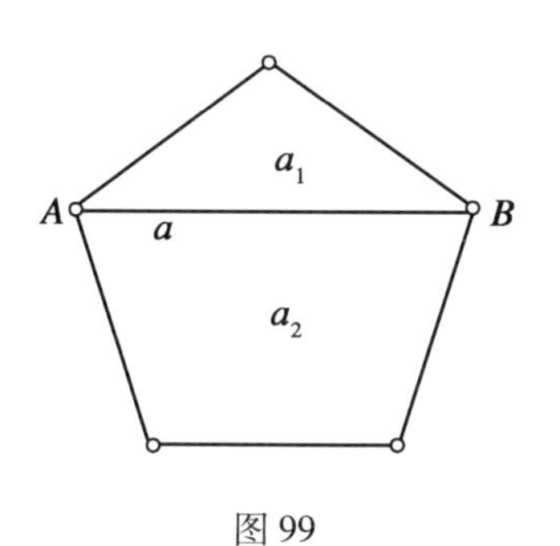

图 99

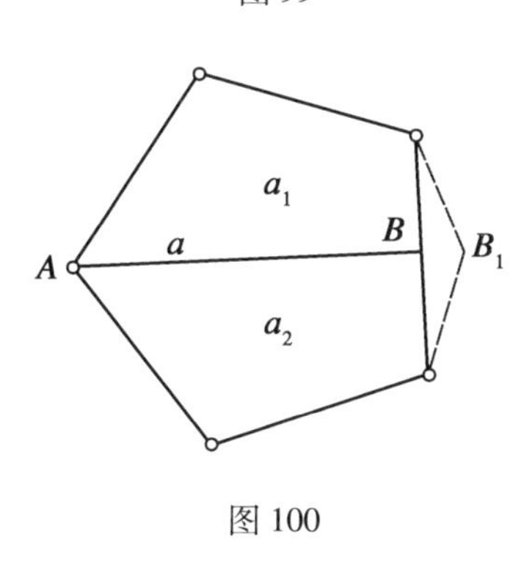

图 100

Ⅲ类分划：以线 AB 联结 a 的两条不同边内的两点 A 和 B，分 a 为两部分 a_1 和 a_2（图 101）.

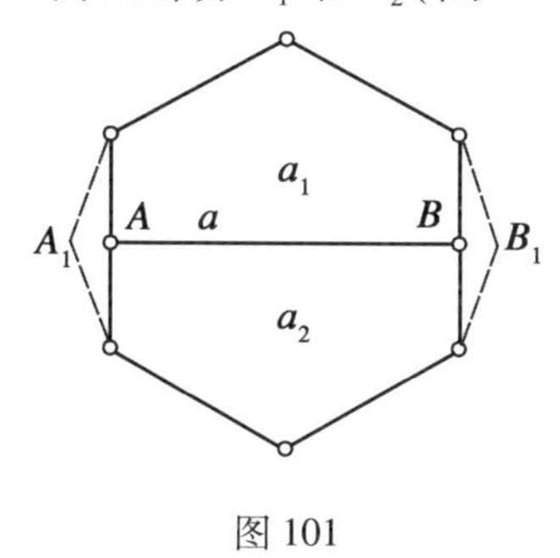

图 101

如果把抽象多面体的面施以Ⅰ，Ⅱ，Ⅲ类分划，那么结果仍是抽象多面体. 其次,如果面是平面多边形,那么线 AB 将为直线段.

定理2 任何抽象 k 面体可由抽象 $k-1$ 面体通过施行Ⅰ,Ⅱ或Ⅲ类分划而得到. 因此,任何 k 面体可以通过对四面体逐次应用Ⅰ,Ⅱ,Ⅲ类分划而得到.

设我们有抽象多面体 P_k. 取任一点 A,由它出发至少有三条棱 AB,AC,AD. 可以用由多面体的异于 AB,AC,AD 的棱构成的折线把 B,C,D 分别连起来,且依次记作 BC,CD,DB. 线 AB,AC,AD,BC,CD,DB(在图 102 中画成了粗线)把 P_k 的表面分成了四部分,这四部分可以看做顶点为 A,B,C,D 的抽象四面体的面,上述六条线是棱. 于是我们从这个四面体出发,逐渐通过Ⅰ,Ⅱ,Ⅲ类分划,一条一条地"收回"原多面体棱构成的线,而得到五面体,六面体,……直到 P_k 为止. 定理2 得证.

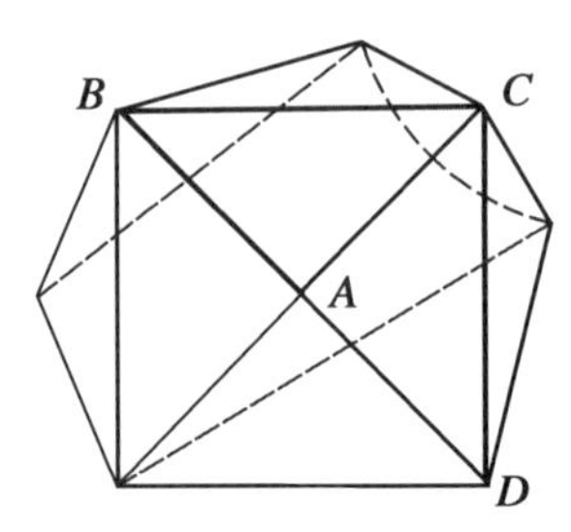

图 102

定理1 的证明 应用数学归纳法. 由于抽象四面体每面至少有三条边,它又不可能多于三条边(因除它本身外还有三个面,它不可能同多于三个面相邻),因此,每面恰有三条边. 故等价于四面体.

设定理对抽象 $k-1$ 面体正确. 考虑抽象 k 面体

P_k,它可由分划(Ⅰ,Ⅱ或Ⅲ类)某一抽象 $k-1$ 面体 P_{k-1} 的面得到. 按归纳假设,P_{k-1} 可以实现为一个凸 $k-1$ 面体 $\widetilde{P}_{k-1}$.

现在设用分划 P_{k-1} 为 P_k 时的同样方式(施行同类分划于对应面)分划 $\widetilde{P}_{k-1}$ 而得到的多面体为 $\overline{P}_k$,则 $\overline{P}_k$ 等价于 P_k,但 $\overline{P}_k$ 不是严格凸的:通过分划面 a 得出的两个面 a_1 和 a_2 在同一平面上. 现在考虑能否将 $\overline{P}_k$ 变换为一个等价的严格凸的多面体 $\widetilde{P}$. 直观看来似乎很简单:当用的是Ⅰ类分划(图99)时,绕 AB 将 a_1 折转一个充分小的角,使二面角 $a_1-AB-a_2<180°$,且使同 $a_1(a_2)$ 不关联的顶点落在 $a_1(a_2)$ 同侧就行了;当用的是Ⅱ类分划(图100)时,先挪动顶点 B 到 B_1,使 a 成为严格凸多边形,然后重复Ⅰ类分划时的变换即可;当用的是Ⅲ类分划(图101)时,先挪动两个顶点 A 和 B(分别到 A_1 和 B_1),即化为Ⅰ类分划时的情形来处理,但并不简单. 为了确切叙述,应先考察多面体的面和顶移动的规律性.

设多面体的顶和面的集合分别为 $E=\{A_1,A_2,\cdots,A_k\}$ 和 $F=\{a_1,a_2,\cdots,a_l\}$. 设 A_i 关联 e_i 个面,a_j 关联 f_j 个顶(称为它们的关联元素).

先设所有 $e_i=3$(如立方体). 对于多面体面的(所在平面)位置充分小的改变,顶(作为三个面的交点)的位置改变也很小,改变后仍是三个面的交点,且使同某个面不关联的顶仍在同侧,这时,凸多面体仍转变为等价凸多面体.

再设存在 $e_i>3$(如正八面体的情形),即有的顶 A_i 是4个或4个以上的面的共同顶点,那么某一个面的微小变动将会使各面不再交于一点.

类似的,如果所有 $f_j=3$,则顶的充分小位移不会改变 f_j 的值和多面体的凸性;但如果有的 $f_j>3$,那么存在同 a_j 关联的顶的充分小位移使这 f_j 个顶点不再共面,从而影响凸性.

但通过巧妙地安排顶和面的位移顺序,这个困难是可以克服的. 设顶集和面集的并 $E\cup F$ 中的 $k+l$ 个元素(顶或面)可排成序列

$$\alpha_1,\alpha_2,\cdots,\alpha_{k+l} \tag{1}$$

如果对每个 $\alpha_i(i=2,3,\cdots,k+l)$,$\alpha_1,\cdots,\alpha_{i-1}$ 中同它关联的元素不多于三个,就说序列(1)是正规序列. 也就是说,若 α_i 是面,则 $\alpha_1,\cdots,\alpha_{i-1}$ 中与它关联的顶不超过三个;如 α_i 为顶,其中与它关联的面不超过三个.

比如设 $\alpha_1,\cdots,\alpha_6$ 为立方体的面,$\alpha_7,\cdots,\alpha_{14}$ 为顶,则 $\alpha_1,\alpha_2,\cdots,\alpha_{14}$ 为正规序列. 因为对面 $\alpha_i(i\leqslant6)$,前面无关联元素;对顶 $\alpha_j(j\geqslant7)$,前面只有三个关联元素(即面). 如把 8 个顶排在前,面排在后,就不是正规序列.

设有正规序列(1),我们先给(顶或面)α_1 以微小位移,然后依次确定后面元素的位移. 设 $\alpha_1,\cdots,\alpha_{i-1}$ 的位移已定,如其中有三个同 α_i 关联,则它们唯一地确定了 α_i 的位移(因不共线三点确定平面,相交于一点的三个平面确定一点),且如 $\alpha_1,\cdots,\alpha_{i-1}$ 的位移充分小,α_i 的位移也是充分小,如 $\alpha_1,\cdots,\alpha_{i-1}$ 中有两个(或一个)同 α_i 关联,则对 $\alpha_1,\cdots,\alpha_{i-1}$ 的位移,有无穷多种方法选取 α_i 的位移以保持同这两个(或一个)元素相关联,且如 $\alpha_1,\cdots,\alpha_{i-1}$ 的位移充分小,α_i 的位移可选取的充分小. 如 $\alpha_1,\cdots,\alpha_{i-1}$ 中无元素关联 α_i,则 α_i 的位移可任意选取. 这样,α_i 的位移任意选定(使其充分

小)后,可这样选择后面元素的位移,使得保持所有关联性(多面体保持等价)和余下元素可移动足够小,以保持凸性.

再回过头来考虑多面体 $\overline{P}_k$. 假设它的面和顶可排成正规序列,当使用Ⅰ类分划时,前两个位置上是面 a_1, a_2,有

$$\alpha_1 = a_1, \alpha_2 = a_2, \alpha_3, \alpha_4, \cdots, \alpha_{l+k} \tag{2}$$

当使用Ⅱ类分划时,有

$$\alpha_1 = B, \alpha_2 = a_1, \alpha_3 = a_2, \alpha_4, \cdots, \alpha_{l+k} \tag{3}$$

当使用Ⅲ类分划时,有

$$\alpha_1 = A, \alpha_2 = B, \alpha_3 = a_1, \alpha_4 = a_2, \alpha_5, \cdots, \alpha_{l+k}$$

这样,按序列安排元素的充分小位移(如在式(2)中,先把 a_1 或 a_2 做微小旋转,再安排其他 α_3,……的位移;在式(3)中,先微小移动 B,即转化为式(2)等),即可使 $\overline{P}_k$ 变换为等价凹多面体 $\widetilde{P}_k$.

但 $\overline{P}_k$ 的顶和面的集合 $E \cup F$ 中的元素一定可排成正规序列吗? 下一节将给予肯定的回答.

§17　史金尼茨定理(续)

仍以 $E \cup F$ 表示球面或凸体表面的网络 S 的所有顶和面的集合. 设 $E^* \subseteq E, F^* \subseteq F, E^*$ 有 k 个元,F^* 有 l 个元,把 E^* 和 F^* 中的元均各自按某一顺序排列. e_i 表示 F^* 中同 E^* 中第 i 个顶关联的面数,f_j 表示 E^* 中同 F^* 中第 j 个面关联的顶数,那么关联偶个数等于

$$\sum_{i=1}^{k} e_i = \sum_{j=1}^{l} f_j \tag{1}$$

定理 1　对任意由多于两个元素构成的集合 $E^* \cup F^*$,有

$$\sum_{i=1}^{k}(4-e_i)+\sum_{j=1}^{l}(4-f_j)\geqslant 8 \tag{2}$$

1. 先对定理进行一点归纳的研究. 由于式(1),不等式(2)的左边可写为

$$\begin{aligned}\sum_{i=1}^{k}(4-e_i)+\sum_{j=1}^{l}(4-f_j) &= 4(k+l)-(\sum_{i=1}^{k}e_i+\sum_{j=1}^{l}f_j)\\ &= 4(k+l)-2\sum_{i=1}^{k}e_i\\ &= 4(k+l)-2\sum_{j=1}^{l}f_j\end{aligned} \tag{3}$$

以符号 $\sum(E^*+F^*)$ 表示这个式子

$$\sum(E^*+F^*)=4(k+l)-2\sum_{j=1}^{l}f_j \tag{4}$$

这个和等于 $E^* \cup F^*$ 中的元素个数的 4 倍减去其关联偶个数的 2 倍. 如果 $E^* \cup F^*$ 由 1 个元素构成,则没有关联偶,因此

$$\sum(E^*+F^*)=4 \tag{5}$$

如果 $E^* \cup F^*$ 由 2 个元素构成,则它至多有 1 个关联偶,那么 $\sum(E^*+F^*)=6$ 或 8(要看是否有关联偶而定). 如果 $k+l=3$,那么 $E^* \cup F^*$ 中最多有 2 个关联偶(一个面关联其两个顶或相反),因此 $\sum(E^*+F^*)$ 可以等于 12,10 或 8. 可见,对 $k+l=3$ 的情形,定理是正确的.

2. 如果 $E^* \cup F^* = E \cup F$(即 $E^* \cup F^*$ 由原网络全部顶点和面构成),那么这个定理可由欧拉定理推出.

欧拉定理是(见§13中的不等式(4))

$$k+l-m\geqslant 2$$

(k,l 和 m 分别为顶点、面和棱数). 事实上,f_j 作为同第 j 个多边形的面关联的顶点数,应等于这个多边形的边数,但边数和等于棱数的2倍,那么 $\sum_{j=1}^{l} f_j=2m$,故

$$\sum(E^*+F^*)=\sum(E+F)=4(k+l)-2\sum_{j=1}^{l}f_j$$
$$=4(k+l-m)\geqslant 8$$

3. 现在看看去掉 $E^*\cup F^*$ 中的元素时,$\sum(E^*+F^*)$ 的变化. 如果去掉某一面 a_j,$k+l$ 减少1,而 $\sum f_j$ 减少1项,从而 $\sum(E^*+F^*)=4(k+l)-2\sum f_j$ 增加 $2f_j-4$(前一项减少4,后一项增加 $2f_j$).

如果 $f_j\geqslant 2$,$2f_j-4\geqslant 0$,那么去掉 a_j 时,$\sum(E^*+F^*)$ 不减;如果 $f_j<2$($f_j=0$ 或1),那么 $2f_j-4<0$,当去掉 a_j 时,$\sum(E^*+F^*)$ 减小.

类似的,当去掉 $e_i=0$ 或1的顶点 A_i 时,和减小;去掉 $e_i\geqslant 2$ 的顶点 A_i 时,和不减.

4. 考虑 $E^*\cup F^*$ 中所有 $e_i\geqslant 2$,$f_j\geqslant 2$ 的情形. 取面 $a_j\in F^*$,它关联 E^* 中 f_j 个顶;以 $A_1,A_2,\cdots,A_{f_j}$ 表示这些顶(图103中是 A_1,A_2,A_3,A_4),它们按环形排列(按习惯上多边形的表示法).

应用画在 a_j 内部的线顺次联结这些顶点,我们得到(图103中打了阴影的部分)仅同 a_j 在 E^* 中的顶点

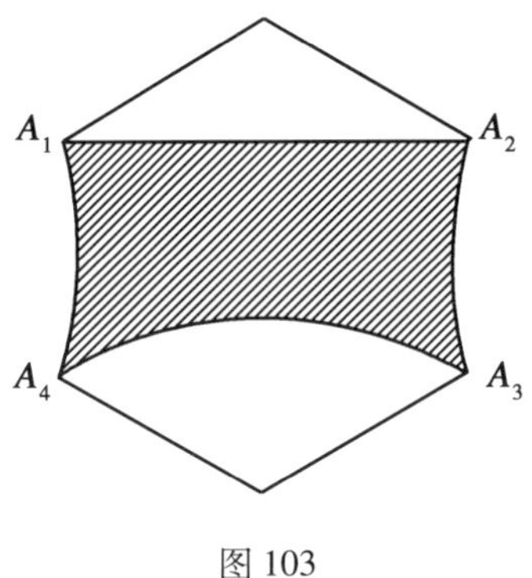

图 103

关联的多边形 $\overline{a}_j$①. 以$\overline{F}^*$ 表示这些新多边形面的集合,有

$$\sum(E^*+F^*)=\sum(E^*+\overline{F}^*)$$

(因为 $\overline{F}^*$ 中的每个多边形 $\overline{a}_j$ 关联 E^* 中的顶点与 F^* 中的多边形 a_j 关联 E^* 中的顶点一样). 多边形 $\overline{a}_j$ 的边分球面(或凸体表面)为 $\overline{F}^*$ 中的面 $\overline{a}_j$ 和一些其余的面 $\overline{\overline{a}}_j$,以 $\overline{\overline{F}}^*$ 表示 $\overline{\overline{a}}_j$ 的集合. 我们得到一个新的网络:以 E^* 的元素为顶,$\overline{F}^*\cup\overline{\overline{F}}^*$ 的元素为面,$\overline{a}_j$ 的边为棱. 对此网络,由于上述第 2 点的证明

$$\sum(E^*+\overline{F}^*+\overline{\overline{F}}^*)\geqslant 8$$

但为了由 $\overline{E}^*\cup\overline{F}^*\cup\overline{\overline{F}}^*$ 过渡到 $\overline{E}^*\cup\overline{F}^*$,还需依次去掉 $\overline{\overline{F}}^*$ 的面. 事实上,$\overline{F}^*\cup\overline{\overline{F}}^*$ 中的每个面同 E^* 中不少于 2 个顶关联,由于第 3 点关于去掉面的论证,知

① a_j 也可能关联 E 中不属于 E^* 的顶点,$\overline{a}_j$ 则只含 a_j 在 E^* 中的顶点.

$$\sum(E^* + F^*) \geqslant \sum(E^* + \overline{F}^* + \overline{\overline{F}}^*) \geqslant 8$$

5. 剩下就是考虑 $E^* \cup F^*$ 中有的 $e_i < 2$ 或 $f_j < 2$ 而 $k + l > 3$ 的情形. 这时, $E^* \cup F^*$ 中去掉使 $e_i < 2$ 或 $f_j < 2$ 的元素, 而元素总数仍大于 3, 那么再去掉一个元素等. 这样, 最终必导致有 3 个元素的集合或所有 e_i 和 f_j 不小于 2 的集合 $E_1^* \cup F_1^*$. 在两种情形下均有 $\sum(E_1^* + F_1^*) \geqslant 8$. 但去掉 e_i 和 f_j 小于 2 的元素时, $\sum(E^* + F^*)$ 减小, 因此

$$\sum(E^* + F^*) \geqslant \sum(E_1^* + F_1^*) \geqslant 8$$

定理 2　任意网络的顶和面可以排列为 § 16 中所说的正规序列.

我们来证明这一点. 在 $E \cup F$ 的任意子集 $E^* \cup F^*$ 的元素中, 至少可以找到一个与本集合中不超过 3 个元素关联的元素, 即使 e_i 或 f_j 不大于 3 的元素. 事实上, 若元素总数小于 3, 这是显然的. 若总数不小于 3, 本节开头的定理断定

$$\sum(4 - e_i) + \sum(4 - f_j) \geqslant 8$$

总和为正, 加数 $4 - e_i$ 或 $4 - f_j$ 中应有正的, 因此, e_i 或 f_j 中应有不超过 3 的元素. 因此, 把 $E \cup F$ 看做 $E^* \cup F^*$, 即知在 $E \cup F$ 的 $k + l$ 个元素中, 至少有一个同其余的 $k + l - 1$ 个元素中至多 3 个相关联, 此元素记为 α_{k+l}; 把剩下的 $k + l - 1$ 个元素的集合看做 $E^* \cup F^*$, 即知至少有一个同其余的 $k + l - 2$ 个元素中至多 3 个相关联, 此元素记为 α_{k+l-1}; 这样, 继续选出 $\alpha_{k+l-2}, \cdots, \alpha_{r+1}, \alpha_r, \cdots$, 每个元素均同余下的 $r - 1$ 个元素中至多 3 个相关联. 最后, 即得正规序列

$$\alpha_1, \alpha_2, \alpha_3, \cdots, \alpha_r, \alpha_{r+1}, \cdots, \alpha_{k+l-1}, \alpha_{k+l}$$

设把集合 $E \cup F$ 分成两个部分 $E_1 \cup F_1$ 和 $E_2 \cup F_2$①，它们分别有 n_1 和 n_2 个元素. 我们有如下更为精确的定理.

定理 3 如果

$$\sum (E_1 + F_1) \leqslant 8 \tag{6}$$

那么可把 $E \cup F$ 的全部元素排成正规序列，使前 n_1 个位置上是 $E_1 \cup F_1$ 的元素.

分以下两种情形来讨论.

情形Ⅰ. 至少存在 $E_2 \cup F_2$ 中的一个元素同 $E_1 \cup F_1$ 中的元素关联. e_i 和 f_j 意义同前，而以 e_i' 或 f_j' 表示同 $E_1 \cup F_1$ 中某元素相关联的 $E_1 \cup F_1$ 中的元素的个数，那么 $e_i' < e_i$ 或 $f_j' < f_j$（对某 i 或 j，因假定了 $E_1 \cup F_1$ 中至少有一个元素同 $E_2 \cup F_2$ 中的元素关联）.

分别以 $\sum_1$，$\sum_2$ 和 $\sum$ 表示关于 $E_1 \cup F_1$，$E_2 \cup F_2$ 和 $E \cup F$ 中的元素求和，我们有

$$\begin{aligned}\sum (E + F) &= \sum (4 - e_i) + \sum (4 - f_j) \\ &= \left[\sum{}_1 (4 - e_i) + \sum{}_1 (4 - f_j)\right] + \\ &\quad \left[\sum{}_2 (4 - e_i) + \sum{}_2 (4 - f_j)\right]\end{aligned}$$

由于 e_i 或 f_j 之一大于相应的 e_i' 或 f_j'，故

$$\begin{aligned}&\sum{}_1 (4 - e_i) + \sum{}_1 (4 - f_j) \\ &< \sum{}_1 (4 - e_i') + \sum{}_1 (4 - f_j')\end{aligned}$$

① $E \cup F$ 中的元素，每个恰属于它的两个子集 $E_1 \cup F_1$ 和 $E_2 \cup F_2$ 之一.

不等式右边的式子正是 $\sum(E_1+F_1)$，它不大于8，因此

$$\sum{}_1(4-e_i)+\sum(4-f_j)\leqslant 7$$

但我们注意到 $\sum(E+F)=\sum(4-e_i)+\sum(4-f_j)\geqslant 8$，那么

$$\begin{aligned}&\sum{}_2(4-e_i)+\sum{}_2(4-f_j)\\&=\left[\sum(4-e_i)+\sum(4-f_j)\right]-\\&\quad\left[\sum{}_1(4-e_i)+\sum{}_1(4-f_j)\right]\\&\geqslant 8-7>0\end{aligned}$$

因此，$\sum{}_2(4-e_i)+\sum{}_2(4-f_j)$ 中至少有一项为正，即至少对 $E_2\cup F_2$ 中的一个元素，同它关联的 $E\cup F$ 中的元素数 e_i 或 f_j 不超过3.

情形Ⅱ. 在 $E_2\cup F_2$ 中，没有同 $E_1\cup F_1$ 的元素关联的元素. 这时，只要把前一定理证明中的推理应用于 $E_2\cup F_2$，则可找到 $E_2\cup F_2$ 中与其余不超过3个元素关联的元素，但因它不与 $E_1\cup F_1$ 中的元素关联，因而它也与 $E\cup F$ 中至多3个元素关联.

总之，在 $E_2\cup F_2$ 中可找到至多同 $E\cup F$ 的3个元素关联的元素，以 $\alpha_{n_1+n_2}$ 表示之.

继 $\alpha_{n_1+n_2}$ 之后，依次选取 $\alpha_{n_1+n_2-1},\alpha_{n_1+n_2-2},\cdots,\alpha_{n_1+1}$，使得 $\alpha_{n_1+i}\in E_2\cup F_2$ 同 $E\cup F$ 中余下的 n_1+i-1 个元素中不超过3个元素关联，那么，余下的就是 $E_1\cup F_1$ 中的元素，把它们排成正规序列 $\alpha_1,\alpha_2,\cdots,\alpha_{n_1}$，即得正规序列

$$\alpha_1,\alpha_2,\cdots,\alpha_{n_1},\alpha_{n_1+1},\cdots,\alpha_{n_1+n_2-1},\alpha_{n_1+n_2}$$

例 1 可在正规序列前两个位置上固定 F 中的任意元素 α_1 和 α_2. 事实上,如果取 $E_1 \cup F_1 = \{\alpha_1, \alpha_2\}$,那么有

$$\sum(E_1 + F_1) = \sum{}_1(4 - e_i) + \sum{}_1(4 - f_j)$$
$$= (4 - 0) + (4 - 0) = 8$$

例 2 如果有一个顶 B 关联两个面 α_1, α_2,那么正规序列前三个位置上可固定放 B, α_1, α_2.

事实上,如取 $E_1 \cup F_1 = \{B, \alpha_1, \alpha_2\}$,那么

$$\sum(E_1 + F_1) = \sum{}_1(4 - e_i) + \sum{}_1(4 - f_j)$$
$$= (4 - 1) + (4 - 1) + (4 - 2)$$
$$= 8$$

例 3 如果有两个顶点 A, B 和同它们关联的面 α_1, α_2,那么正规序列为 A, B, α_1, α_2. 因为如取 $E_1 = \{A, B\}$, $F_1 = \{\alpha_1, \alpha_2\}$,则

$$\sum(E_1 + F_1) = 8$$

现在仍回到史金尼茨定理的证明. 把 $\overline{P}_k$ 的顶和面排成正规序列,且在Ⅰ类分划时前两项放 a_1, a_2;在Ⅱ类分划时,前三项放 B, a_1, a_2;在Ⅲ类分划时,前四项放 A, B, a_1, a_2,于是定理证毕.

说明 如果凸曲面(如球面)上网络满足条件 1 ~ 3(第 82 页),则称之为抽象多面体网络. 如果它的顶、棱、面数 m, n, l 服从欧拉定理 $m + n - l = 2$,那么可以证明这种网络可在球面上实现,于是有史金尼茨定理的最终形式:

任何满足条件 1 ~ 3(第 82 页)和欧拉公式 $m + n - l = 2$ 的抽象多面体,均可用凸多面体来实现.

§18　亚历山大洛夫定理

多面体表面展开　如果沿棱剪开凸多面体 R 的表面，那么就得到一组多边形 $P_1,P_2,\cdots,P_m$. 每条棱 a 成为其中两个多边形的边. 同样，$k(k\geqslant3)$个面的顶点 A 成为其中 k 个多边形的共同顶点（在多边形中仍记为 a,A），这样一组多边形称为 R 的表面展开. 如果沿公共边贴合，将重新得到多面体（的表面）.

显然，构成封闭凸多面体表面展开的多边形组满足如下条件：

1）每条边恰为两个多边形所共有，每个顶点为不少于三个多边形所共有；

2）多边形的个数 n，不同的顶点数 m 和不同的边数 l 满足欧拉公式

$$m+n-l=2$$

3）任意两个多边形 Q 和 Q' 可以通过一组多边形 $Q=Q_0,Q_1,\cdots,Q_i=Q'$ 加以连接，其中 Q_0 和 Q_1，Q_1 和 Q_2，……，Q_{i-1} 和 $Q_i=Q'$ 有公共边；

4）两个多边形作为公共边的边等长；

5）在公共顶点处所有多边形的角之和小于 2π.

亚历山大洛夫证明的著名定理是：

定理　条件1）~5）是一组多边形构成凸多面体展开图的充分条件.

亚历山大洛夫定理指明了具有已知表面展开的凸多面体的存在性，而柯西定理表明，这种多面体是唯一（全等或对称）的.

习　题

1. 若 k' 是连通网络 k 经一次Ⅱ类添线而得到的网络，则 $E(k')=E(k)$.

2. 设 t 为自然数，k_t 是连通网络 k 经 t 次添线变换而得到的网络，求证 $E(k_t)=E(k)$.

3. 试应用欧拉定理证明具有 s 个连通部分的非连通网络 K 的欧拉特征为 $E(k)=s+1$.（提示：K 的第 i 个连通部分的节点、区域和网线数分别为 $m_i, n_i, l_i, i=1,\cdots,s$，则 $m_i+n_i-l_i=2$，而 $m=\sum m_i, n=\sum n_i-s+1, l=\sum l_i$.）

4. 1）试定义添线运算的逆运算：Ⅰ类去线和Ⅱ类去线运算；

2）试证：Ⅰ，Ⅱ两类去线运算如不改变网络连通性，则也不改变欧拉特征；

3）试证：凸曲面上连通网络 K 均可通过不改变网络连通性的Ⅰ，Ⅱ类去线的序列变成最简网络；

4）应用(2)(3)的结果证明欧拉定理.

5. 证明：1）如果汇集于凸多面体的每一顶点均有奇数条棱，那么多面体有偶数个顶点；

2）如果多面体的每个面均为奇数多边形，那么多面体有偶数个面.

6. 设多面体有 l 条棱，i 边形面有 n_i 个($i=3,4,\cdots,n$)，j 面角有 t_j 个($j=3,4,\cdots,m$)，那么有

$$2l=\sum_{i=3}^{n} in_i=\sum_{j=3}^{m} jt_j$$

7. 证明:1)若 l 表示多面体的棱数,则 $l\neq 7$;

2)不存在奇数个面且每个面均为奇数边形的多面体.

8. 对凸曲面上任意网络 S,试证:$E^{*}\cup F^{*}$ 中关联偶总数等于 $\sum_{i=1}^{k} e_i=\sum_{j=1}^{l} f_j$.

9. 试证:(参看§17的例3)对凸曲面或球面上任意连通网络,存在前4项为相互关联的顶 A,B 和面 α_1,α_2 的正规序列

$$A,B,\alpha_1,\alpha_2,\alpha_5,\alpha_6,\cdots$$

凸体的线性组合

第4章

前面我们从凸图形和凸体的边界结构上研究了它们的性质,为了进一步挖掘凸图形和凸体的深刻性质,并在研究中运用代数和分析的工具,我们来研究点、平面图形、立体间线性运算的概念.

本章要用到初等解析几何和微积分的一些知识.

§19 点的线性运算

点的线性运算 我们知道,对向量可以施行加和乘以实数(纯量)的线性运算,这种运算也可以在图形上进行.

我们考虑始点在某一固定点 O 的向量,把平面或空间的点看做这种向量的端点,常以字母 A,B,C,p,q,r 表示点,l 表示直线,s,x 表示实数,Q,U,B 表示图形.

我们把向量$\overrightarrow{Oq}$与$\overrightarrow{Oq_1}$的和向量$\overrightarrow{Or}=$

$\overrightarrow{Qq}+\overrightarrow{Oq_1}$的端点 $\boldsymbol{r}$(图 104(a))叫作点 $\boldsymbol{q}$ 和 $\boldsymbol{q}_1$ 的和

$$\boldsymbol{r}=\boldsymbol{q}+\boldsymbol{q}_1$$

而把向量$\overrightarrow{Oq}$乘以实数的积向量$\overrightarrow{Or}=s\overrightarrow{Oq}$的端点 $\boldsymbol{r}$ 称为点 $\boldsymbol{q}$ 乘以实数 s 的积:$\boldsymbol{r}=s\boldsymbol{q}$(图 104(b)). 联结点 $\boldsymbol{q}$ 和 $\boldsymbol{q}_1$ 的线段(图 104(c))qq_1 是由等式

$$\boldsymbol{q}_s=s\boldsymbol{q}+(1-s)\boldsymbol{q}_1 \quad (0\leqslant s\leqslant 1) \tag{1}$$

确定的全体点的集合. 点 $\boldsymbol{q}_s$ 分线段成$(1-s):s$. 方程(1)也可改写为

$$\boldsymbol{q}_s=s\boldsymbol{q}+s_1\boldsymbol{q}_1 \quad (s+s_1=1,s,s_1\geqslant 0) \tag{2}$$

后面常以 $\boldsymbol{q}_s$ 表示方程(2)确定的点. 如 $\boldsymbol{q}_{\frac{1}{2}}$ 就表示 qq_1 的中点,$\boldsymbol{q}_{\frac{1}{3}}$,$\boldsymbol{q}_{\frac{2}{3}}$表示 qq_1 的三等分点等.

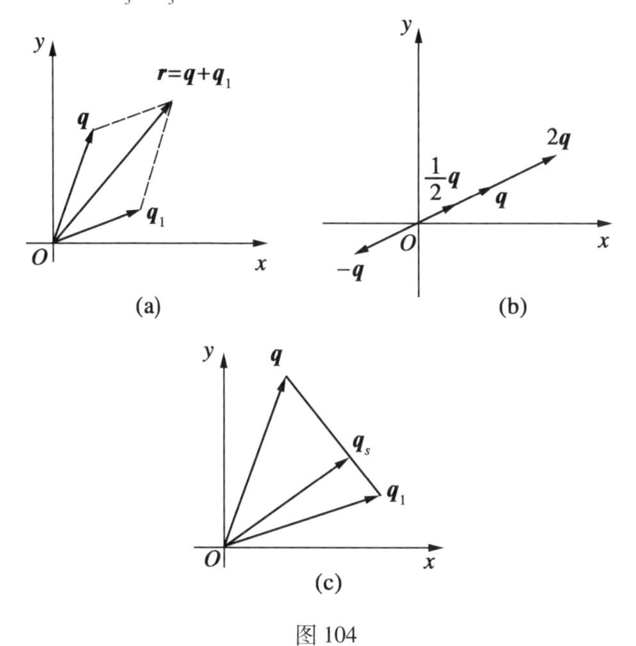

图 104

有时,在考虑点 q,q_1,q_s 的同时,还要考虑它们在某直线或平面上的射影 r,r_1,r_s(图 105). 那么点 r_s 位于线段 rr_1 上且分成同样的比:$s_1:s=(1-s):s$,故 $r_s=sr+s_1r_1$. 如果平面上的点 q,q_1 的坐标分别为(x,y),(x_1,y_1)(图 106),那么点 q_s 的坐标为

$$\begin{cases}x_s=sx+s_1x_1\\ y_s=sy+s_1y_1\end{cases}\qquad(3)$$

其中 $s+s_1=1$ 且 $s,s_1\geqslant 0$.

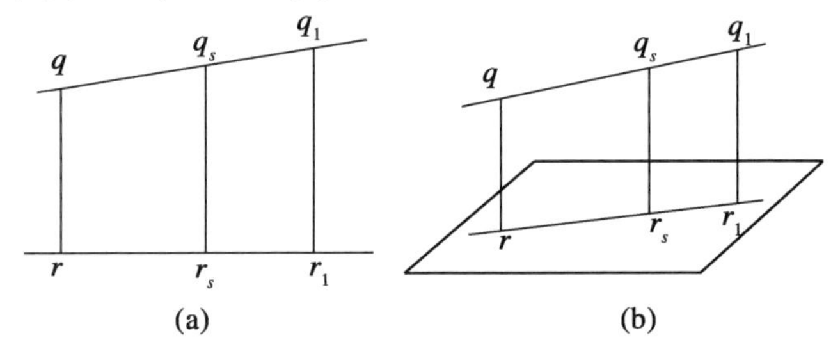

图 105

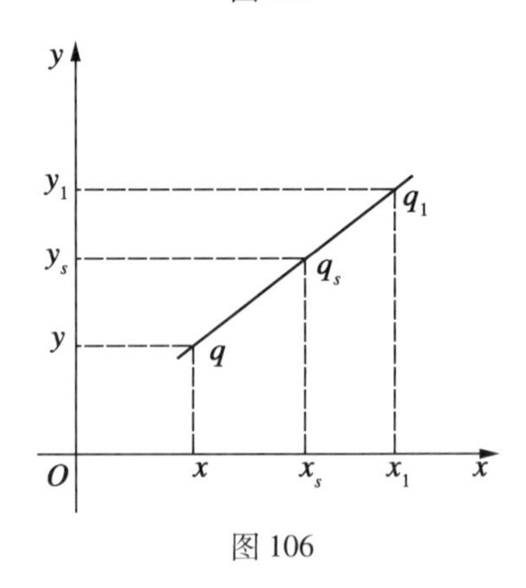

图 106

凹函数 作函数 $y=f(x)$ 的图像(图 107),如果图像上任一点总位于联结它所在弧端点的弦的上方(或

在弦上)，那么 $y=f(x)$ 称为凹函数. 例如，函数 $y=-x^2$，$y=\log_{\frac{1}{2}}x$ 都是凹函数.

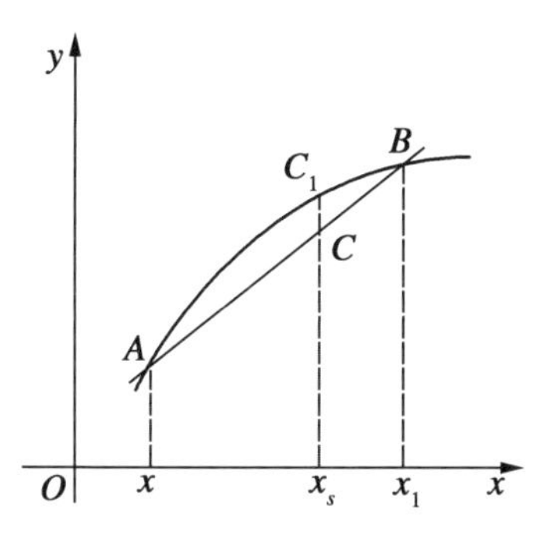

图 107

设 $A(x,y)$，$B(x_1,y_1)$ 为曲线上任意两点，那么弦 AB 上任一点 C 的横坐标和纵坐标分别为

$$x_s=sx+s_1x_1\quad(s+s_1=1,s,s_1\geqslant 0)\tag{4}$$

$$y_s=sy+s_1y_1=sf(x)+s_1f(x_1)$$

那么，对曲线 $y=f(x)$ 上具有同样横坐标的点 $C_1(x_s,f(x_s))$，按定义有 $f(x_s)\geqslant y_s$，因此

$$f(x_s)\geqslant sf(x)+s_1f(x_1)\tag{5}$$

对任一对数 x,x_1(自然是函数 $y=f(x)$ 定义域中的)和满足式(4)的 x_s，不等式(5)成立是 $y=f(x)$ 为凹函数的充分必要条件.

§20　图形的线性运算

定义　设给定两个(平面或立体)图形 U 和 $\overline{B}$，则我们把图形 $U+\overline{B}$ 看做是形如 $p+q(p\in U,q\in\overline{B})$ 的所

有点的集合.

例1 设 U 为 x 轴上原点到 1 之间的线段, $\overline{B}$ 为 y 轴上原点到 1 之间的线段, 那么 $U+\overline{B}$ 为以 U 和 $\overline{B}$ 为邻边的正方形.

如果 $\overline{B}$ 由一点 q_0 构成, 那么 $U+\overline{B}=U+q_0=\{p+q_0 \mid p\in U\}$, 显然, 按向量 $\overrightarrow{Oq_0}$ 平移 U 即得到图形 $U+q_0$.

其次, 我们定义图形与正数 s 的乘积: 图形 sU 是所有点 $sp(p\in U)$ 的集合. sU 可以由 U 通过位似变换而得到, 其位似中心为原点, 位似系数为 s①.

如果我们给定图形 $U_1, U_2, \cdots, U_k$ 和 k 个正数 $s_1, s_2, \cdots, s_k$, 那么 $s_1U_1+s_2U_2+\cdots+s_kU_k$ 是所有点 $s_1p_1+s_2p_2+\cdots+s_kp_k(p_i\in U_i, i=1,\cdots,k)$ 的集合, 并称之为 $U_1,\cdots,U_k$ 的线性组合. 下面只考虑两个图形 Q, Q_1 和两个和为 1 的非负数 s, s_1 的情形.

我们以

$$Q_s=sQ+s_1Q_1=sQ+(1-s)Q_1$$

表示形如 $q_s=sq+s_1q_1(q\in Q, q_1\in Q_1)$ 的所有点的集合. 显然, Q_s 是 Q 与 Q_1 的点连线 qq_1 上比为 $s_1:s$ 的分点 q_s 的轨迹. 求 Q_s 的运算叫作 Q 与 Q_1 的混合.

如果 $s=s_1=\dfrac{1}{2}$, 那么 $Q_s=Q_{\frac{1}{2}}$ 是 Q 与 Q_1 的点连线中点的轨迹.

混合的性质 先看几个例子.

例2 设 l 与 l_1 为两条平行直线, 其法线式方程

① 如果图似 $U\sim U'$, 且对应点连线交于一点 O, 那么就说 U 与 U' 为位似形, O 称为位似中心. 如果 $p\in U$ 的对应点为 $p'\in U'$, 则 $Op':Op=s$ 称为位似系数.

分别为

$$x\cos \alpha + y\sin \alpha = h \tag{1}$$

$$x_1\cos \alpha + y_1\sin \alpha = h_1 \tag{2}$$

那么 $l_s = sl + s_1 l_1 (s + s_1 = 1, s, s_1 \geqslant 0)$ 是 l 和 l_1 的平行线，其法线式方程为

$$x_s\cos \alpha + y_s\sin \alpha = h_s \tag{3}$$

其中 $h_s = sh + s_1 h_1$.

事实上，设 $q_s(x_s, y_s)$ 为 l_s 上任一点，那么有 $q_s = sq + s_1 q_1$. 这里 $q(x, y) \in l, q_1(x_1, y_1) \in l_1$（图 108）. 由上节的结果，有

$$x_s = sx + s_1 x_1, y_s = sy + s_1 y_1$$

图 108

但(x, y)和(x_1, y_1)分别满足方程(1)和(2)，即

$$x\cos \alpha + y\sin \alpha = h$$

$$x_1\cos \alpha + y_1\sin \alpha = h_1$$

因此

$$\begin{aligned} x_s\cos \alpha + y_s\sin \alpha &= (sx + s_1 x_1)\cos \alpha + (sy + s_1 y_1)\sin \alpha \\ &= s(x\cos \alpha + y\sin \alpha) + \\ &\quad s_1(x_1\cos \alpha + y_1\sin \alpha) \end{aligned}$$

$$=sh+s_1h_1=h_s$$

即 q_s 的坐标满足方程(3). 反之,可以证明,坐标满足方程(3)的点必在 l_s 上.

现在设有两个不共面的平面图形 Q 和 Q_1 分别在两个互相平行的平面 R 和 R_1 上,那么所有线段 qq_1 $(q\in Q,q_1\in Q_1)$ 的集合构成某一个夹在平面 R 和 R_1 之间的立体 T. 现在作平面 $R_s /\!/ R$,且分 R 与 R_1 的距离为 $s_1:s$,那么平面 R_s 截 T 所得截面为 $Q_s=sQ+s_1Q_1$.

事实上,这个平面同每条线段 qq_1 的交点分线段为 $s_1:s$. 显然,平面 R_s 可定义为平面 R 同 R_1 的线性组合

$$R_s=sR+s_1R_1$$

例 3 现在假定直线 $l /\!/ l_1$,且方向相同(图 108). 例 2 中的直线 l,l_1 和 $l_s=sl+s_1l_1$,每条分平面为左、右两个半平面,分别记为 U 和 $\overline{B}$,U_1 和 $\overline{B}_1$,U_s 和 $\overline{B}_s$. 那么我们有

$$U_s=sU+s_1U_1 \tag{4}$$

$$B_s=s\overline{B}+s_1\overline{B}_1 \tag{5}$$

事实上,半平面 U 和 U_1 分别是坐标满足不等式

$$x\cos\alpha+y\sin\alpha\geqslant h \tag{6}$$

$$x_1\cos\alpha+y_1\sin\alpha\geqslant h_1 \tag{7}$$

的点 $p(x,y)$ 和 $p_1(x_1,y_1)$ 的集合,那么由线性组合 $p_s=sp+s_1p_1$ 得出的点 $p_s(x_s,y_s)$ 必定满足不等式

$$x_s\cos\alpha+y_s\sin\alpha\geqslant h_s \tag{8}$$

(式(6)两边乘以 s,式(7)两边乘以 s_1,相加再应用有关公式即得),而满足式(8)的点 p_s 的集合正是半平面 U_s.

这个命题从几何上看是很明显的. 为简单起见,取

$s=s_1=\dfrac{1}{2}$,直线 $l_{\frac{1}{2}}$是 l 与 l_1 上点连线中点的轨迹,$l_{\frac{1}{2}}$左边的半平面 $U_s=U_{\frac{1}{2}}$,即由两个半平面 U 和 U_1 的点连线的中点构成.

例4　考虑平行同向的线段 AB 和 A_1B_1,它们分别在直线 l 和 l_1 上(图109).以 k 表示 AB,k_1 表示 A_1B_1.我们来作图形

$$k_s=sk+s_1k_1 \quad (s+s_1=1,s,s_1\geqslant 0) \tag{9}$$

首先,我们知道 k_s 在直线 $l_s=sl+s_1l_1$ 上,l,l_1 和 l_s 的方程分别为

$$\begin{cases} x\cos\alpha+y\sin\alpha=h \\ x_1\cos\alpha+y_1\sin\alpha=h_1 \\ x_s\cos\alpha+y_s\sin\alpha=h_s \end{cases} \tag{10}$$

其中 $h_s=sh+s_1h_1$,联结 AA_1,BB_1,它们同 l_s 的交点 A_s 和 B_s 把它们分为 $s_1:s$,那么 A_sB_s 就是要求的线段 k_s.如果以 a,a_1 和 a_s 分别表示 k,k_1 和 k_s 的长,那么易见

$$a_s=sa+s_1a_1 \tag{11}$$

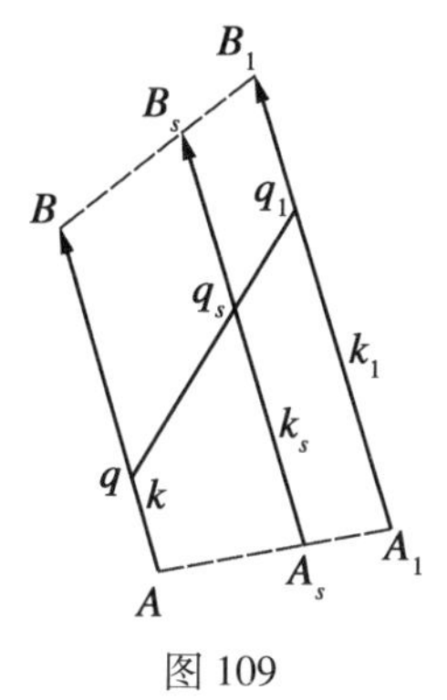

图109

总括上面的例子,我们有如下重要定理:

定理1　如果 Q 和 Q_1 均为凸图形,那么

$$Q_s = sQ + s_1 Q_1 \quad (s + s_1 = 1, s, s_1 \geqslant 0)$$

也是凸图形.

事实上,设 p_s, q_s 是 Q_s 上任意两点(图 110),那么

$$p_s = sp + s_1 p_1, q_s = sq + s_1 q_1 \tag{12}$$

其中 $p, q \in Q, p_1, q_1 \in Q_1$. 考虑线段 $p_s q_s$,其上任一点 r_s 可表示为

$$r_s = tq_s + t_1 p_s \quad (t + t_1 = 1, t, t_1 \geqslant 0) \tag{13}$$

把等式(12)代入等式(13)得

$$\begin{aligned} r_s &= t(sq + s_1 q_1) + t_1(sp + s_1 p_1) \\ &= s(tq + t_1 p) + s_1(tq_1 + t_1 p_1) \\ &= sr + s_1 r_1 \end{aligned}$$

由于 Q 和 Q_1 为凸图形,所以 $r = tq + t_1 p \in Q, r_1 = tq_1 + t_1 p_1 \in Q_1$. 按 Q_s 的定义知 $r_s \in Q_s$,即整条线段 $p_s q_s$ 在 Q_s 内,所以 Q_s 为凸图形.

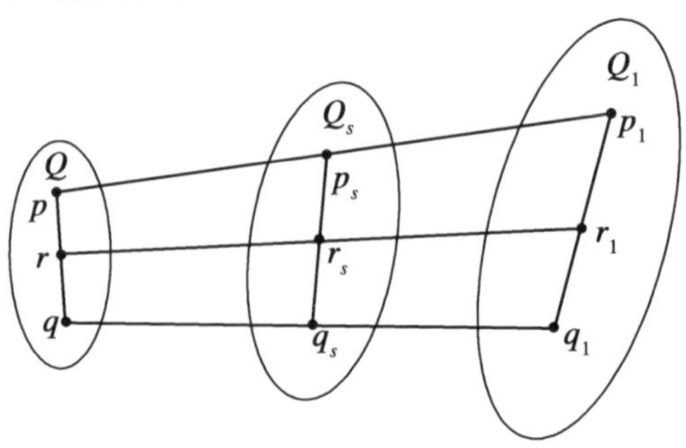

图 110

由于证明过程中并未用到 Q 和 Q_s 共面的性质,所以定理对 Q 和 Q_1 不共面或有的为凸体的情形也是成立的.

定理 2 设 Q 和 Q_1 为两个凸图形, l 和 l_1 分别为 Q 和 Q_1 的平行且同向的支撑线. 构造图形 $Q_s = sQ +$

$s_1Q_1(s+s_1=1,s,s_1\geqslant 0)$,那么 $l_s=sl+s_1l_1$ 是 Q_s 的与 l,l_1 平行同向的支撑线.

事实上,设 Q 和 Q_1 分别位于 l 和 l_1 的左边(图111),由例2知 l_s 同 l,l_1 平行,而由例3知 Q_s 在 l_s 的左边(l_s 与 l,l_1 同向),在 $l(l_1)$ 上至少有图形 $Q(Q_1)$ 的一个点 $q(q_1)$,那么 $q_s=sq+s_1q_1$ 同属于直线 l_s 和图形 Q_s. 这样,Q_s 在 l_s 的一侧且与 l_s 有公共点①,按定义,l_s 是 Q_s 的支撑线.

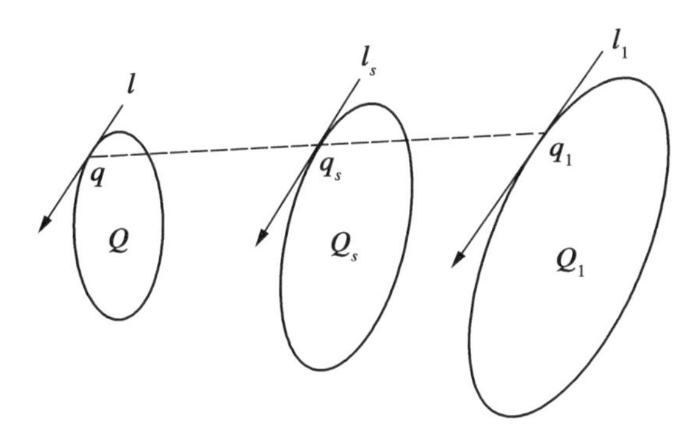

图111

定理3　如果 Q 或 Q_1 有平行位移,那么 $Q_s=sQ+s_1Q_1(s+s_1=1,s,s_1\geqslant 0)$ 也有平行位移.

事实上,设 Q 和 Q_1 分别有平行位移 a 和 a_1(即分别按向量 $\overrightarrow{Oa}$ 和 $\overrightarrow{Oa_1}$ 平移),则分别得图形 $Q+a$ 和 Q_1+a_1. 这时 Q_s 变为 $s(Q+a)+s_1(Q_1+a_1)=sQ+s_1Q_1+sa+s_1a_1=Q_s+a_s$,即 Q_s 有平移

$$a_s=sa+s_1a_1$$

① 显然,q,q_1,q_s 均为边界点.

§21　凸多边形的线性组合

边对应平行的多边形　考虑边对应平行同向的多边形 Q 和 Q_1(如图 112 中的多边形 $A_1A_2\cdots A_n$ 和 $A_1'A_2'\cdots A_n'$),我们来作多边形 $Q_s=sQ+s_1Q_1(s+s_1=1,s,s_1\geqslant 0)$.

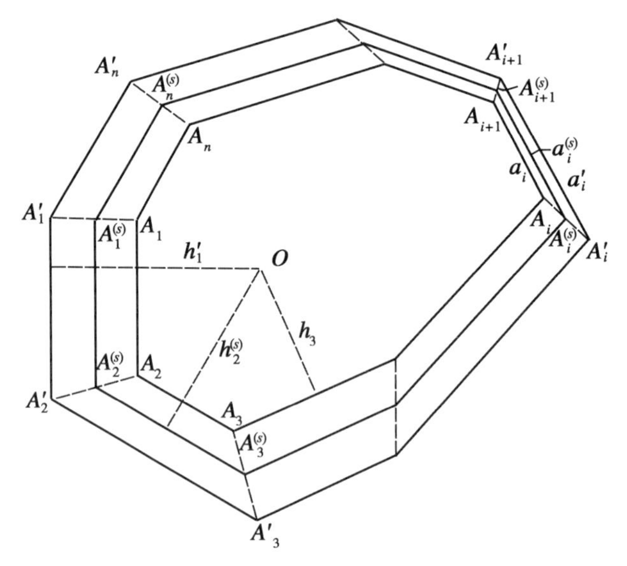

图 112

设 $a_i=A_iA_{i+1}$,$a_i'=A_i'A_{i+1}'$,由 §20 例 4 的结果知线性组合 $a_i^{(s)}=sa_i+s_1a_i'$ 为 Q_s 上的线段 $A_i^{(s)}A_{i+1}^{(s)}$,其中,$A_i^{(s)}=sA_i+s_1A_i'$,$A_{i+1}^{(s)}=sA_{i+1}+s_1A_{i+1}'$. 这线段同属于 Q_s 和它的支撑线(因 a_i 和 a_i' 作为多边形的边分别属于 Q 和 Q' 的支撑线),因此,它属于 Q_s 的边界,也就是说,Q_s 的边界由与多边形 Q 和 Q_1 的边平行同向的线段

$A_i^{(s)}A_{i+1}^{(s)}$构成,所以 Q_s 为多边形 $A_1^{(s)}A_2^{(s)}\cdots A_n^{(s)}$.

如以 h_i,h_i'和 $h_i^{(s)}$ 分别表示原点到边 $a_i,a_i',a_i^{(s)}$ 的距离,那么 $h_i^{(s)}=sh_i+s_1h_i'$(见前节的例4)①.

为了得到 $A_i^{(s)}$,只需联结 A_iA_i',并求分点 $A_i^{(s)}$ 使 $A_iA_i^{(s)}:A_i^{(s)}A_i'=s_1:s$,顺次联结 $A_1^{(s)}A_2^{(s)}\cdots A_n^{(s)}$ 即得 Q_s. 也可先求 $A_1^{(s)}$,作 $A_1^{(s)}A_2^{(s)}/\!/A_1A_2$,交 $A_2A'_2$于 $A_2^{(s)}$,再作 $A_2^{(s)}A_3^{(s)}/\!/A_2A_3$,交 $A_3A'_3$于 $A_3^{(s)}$,……,最后,联结 $A_n^{(s)}A_1^{(s)}$ 即可.

非所有边均对应平行的多边形　现在考虑 Q 与 Q_1 并非所有边均对应平行的情形. 在图113中,Q 为$\triangle ABC$,Q_1 为四边形 $A_1B_1B_1'C_1$,且 Q 没有与 B_1B_1'平行同向的边(边 AB,BC,CA 分别与 $A_1B_1,B_1'C_1,C_1A_1$ 平行同向),边 B_1B_1'是多边形 Q_1 支撑线 l_1 的一部分,它与 Q 的支撑线 l 平行且同向,直线 l 过多边形的一个顶点 B. 我们将认为 Q 具有与 B_1B_1'平行同向的边 BB'(退缩为一点 B). 应用添加这样的退缩边的方法把这种情形归结为 Q 与 Q_1 所有边对应平行同向的情形. 于是$Q_s=sQ+s_1Q_1$ 就是多边形 $A_sB_sB'_sC_s$,其中边 $A_sB_s,B_sB'_s,B'_sC_s,C_sA_s$ 与 Q 和 Q_1 的边对应平行同向,而顶点 A_s,B_s,B'_s,C_s 依次分线段 AA_1,BB_1,BB'_1,CC_1 为 $s_1:s$.

这个方法也可用于一般情形. 设给定多边形 Q 和 Q_1,而 Q_1 没有同 Q 的边 A_iA_{i+1}平行同向的边,作 Q_1 的与 A_iA_{i+1}平行同向的支撑线 l_i'. l_i'过 Q_1 的一个顶点 A',而 A'就看做是 Q_1 中与 A_iA_{i+1}平行同向的边 $A_i'A'_{i+1}$退

---

① 在图112中,原点 O 同在 Q,Q_1 内,通过平移(见§20的定理3)总可做到这点.

缩成的点("点边"). 如 Q 中没有同 Q_1 某一边平行同向的边,可同样处理.

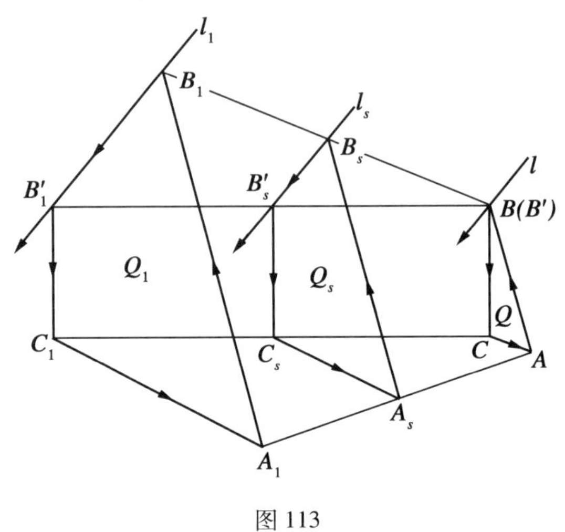

图 113

应用这种附加"点边"的方法,可以认为,任意两个多边形均具有平行同向的对应边.

类似的命题对多面体也成立(见第 5 章).

凸多边形的面积 考虑以 $A_1,A_2,\cdots,A_n$ 为顶点的凸多边形 Q(图 114). 平移 Q,使坐标原点在 Q 内部. 设第 i 边 A_iA_{i+1}的方程为

$$x\cos\ \alpha+y\sin\ \alpha=h$$

这里 h_i 表示原点 O 到边 A_iA_{i+1} 的商,A_iA_{i+1} 的边长为 a_i,那么$\triangle OA_iA_{i+1}$的面积为$\frac{1}{2}a_ih_i$. 因为整个多边形可分为 n 个三角形,所以它的面积 $J(Q)$为

$$J(Q)=\frac{1}{2}\sum_{i=1}^{n}a_ih_i \tag{1}$$

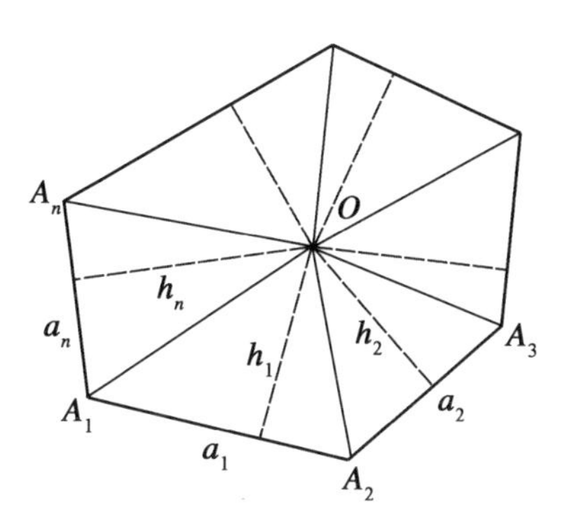

图 114

现在考虑两个多边形 Q 和 Q_1(图 115 中的 $A_1A_2\cdots A_n$ 和 $A_1'A_2'\cdots A_n'$),通过附加"点边",知它们的边对应平行同向. 平行同向的边 A_iA_{i+1} 和 $A_i'A_{i+1}'$ 的方程分别为

$$x\cos\alpha+y\sin\alpha=h_i$$
$$x'\cos\alpha+y'\sin\alpha=h_i'$$

如以 a_i 和 a_i' 分别表示边 A_iA_{i+1},$A_i'A_{i+1}'$ 的长,那么按公式(1),它们的面积分别为

$$J(Q)=\frac{1}{2}\sum_{i=1}^{n}a_ih_i \tag{2}$$

$$J(Q)=\frac{1}{2}\sum_{i=1}^{n}a_i'h_i' \tag{2'}$$

作出多边形 $Q_s=sQ+s_1Q_1$,由前面的结果知,Q_s 的顶点以及边 $A_i^{(s)}A_{i+1}^{(s)}$ 的长度分别为

$$A_i^{(s)}=sA_i+s_1A_i'$$
$$a_i^{(s)}=sa_i+s_1a_i'$$

而此边的方程为

$$x\cos\alpha+y\sin\alpha=h_i^{(s)}\quad(h_i^{(s)}=sh_i+s_1h_i')$$

由公式(1),知 Q_s 的面积为

$$J(Q_s)=\frac{1}{2}\sum_{i=1}^{n}a_i^{(s)}h_i^{(s)}=\frac{1}{2}\sum_{i=1}^{n}(sa_i+s_1a_i')\cdot(sh_i+s_1h_i') \tag{3}$$

将式(3)展开,按 s^2,ss_1,s_1^2 并项得

$$J(Q_s)=\left(\frac{1}{2}\sum_{i=1}^{n}a_ih_i\right)s^2+\left(\frac{1}{2}\sum_{i=1}^{n}a_ih_i'+\frac{1}{2}\sum_{i=1}^{n}a_i'h_i\right)ss_1+\left(\frac{1}{2}\sum_{i=1}^{n}a_i'h_i'\right)s_1^2 \tag{4}$$

由公式(2)和(2′)知,式(4)右边 s^2 和 s_1^2 的系数分别等于 $J(Q)$ 和 $J(Q_1)$. 下节将详细讨论 ss_1 的系数.

§22 凸图形的混合面积

现在我们证明§21 的公式(4)中 ss_1 的系数里的两个和是相等的. 为此,由 O 向 Q 与 Q_1 各边引垂线(图 115,仍假定 Q 在 Q' 内,O 同在它们内部,否则可通过平移). 在相应边的垂足分别记为 C_i,C_i',且 $OC_i=h_i,OC_i'=h_i'(i=1,\cdots,n)$,联结 $A_iC_i',C_i'A_{i+1}$,得多边形 $A_1C_1'A_2C_2'\cdots A_nC_n'A_1$(其边界在图 115 上是虚线),它的面积等于四边形 $OA_1C_1'A_2,OA_2C_2'A_3,\cdots,OA_nC_n'A_1$ 的面积之和,具有相互垂直的对角线 OC_1' 和 A_1A_2 的四边形 $OA_1C_1'A_2$ 的面积等于两条对角线乘积之半,即$\frac{1}{2}a_1h_1'$,四边形 $OA_2C_2'A_3$ 的面积等于$\frac{1}{2}a_2h_2'$等,因此,整个多边形面积等于

$$\frac{1}{2}\sum_{i=1}^{n}a_ih_i'$$

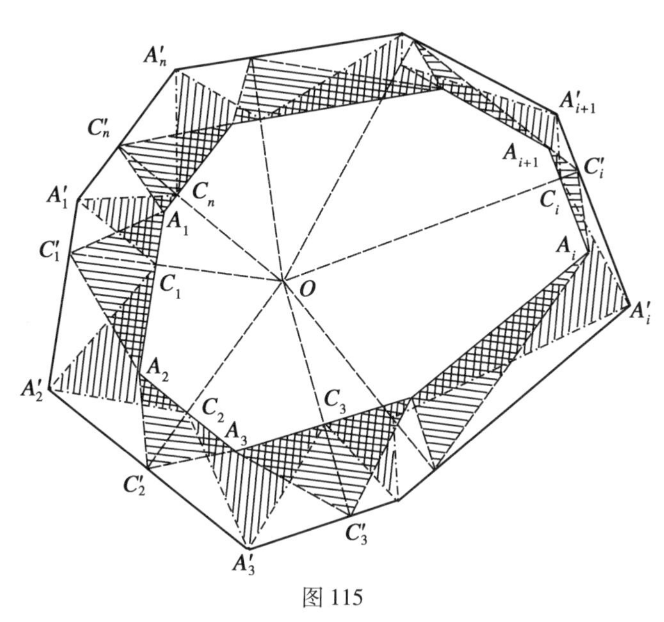

图 115

再作出多边形 $A'_1C_1A'_2C_2\cdots A'_nC_n(A_1)$，其边界在图 115 上以点划线画出，类似方法可证它的面积等于

$$\frac{1}{2}\sum_{i=1}^{n}a'_ih_i$$

虚线围成的多边形，可以由多边形 Q 补上 $2n$ 个打了水平线阴影的三角形 $A_1C'_1C_1$，$C_1C'_1A_2$，$A_2C'_2C_2$，$C_2C'_2A_3$，$\cdots$，$A_nC'_nC_n$，$C_nC'_nA_1$ 而得到；点划线围成的多边形，可由多边形 Q 补上 $2n$ 个打了竖直线阴影的三角形 $A_1A'_1C_1$，$C_1A'_2A_2$，$A_2A'_2C_2$，$C_2A'_3A_3$，$\cdots$，$A_nA'_nC_n$，$C_nA'_1A_1$ 而得到. 这两组三角形对应同底等高，因此面积对应相等，所以两个多边形面积也相等，即

$$\frac{1}{2}\sum_{i=1}^{n}a_ih'_i=\frac{1}{2}\sum_{i=1}^{n}a'_ih_i$$

等式两边的和式$\frac{1}{2}\sum_{i=1}^{n}a_ih_i'$及$\frac{1}{2}\sum_{i=1}^{n}a_i'h_i$ 均称为多边形 Q 和 Q_1 的混合面积，以 $J(Q,Q_1)$来表示

$$J(Q,Q_1)=\frac{1}{2}\sum_{i=1}^{n}a_ih_i'=\frac{1}{2}\sum_{i=1}^{n}a_i'h_i$$

那么 §21 的公式(4)即可写成

$$J(Q_s)=J(Q)s^2+2J(Q,Q_1)ss_1+J(Q_1)s_1^2 \quad (1)$$

混合面积 $J(Q,Q_1)$的求法是：在 §21 的公式(1)中，取一个多边形的边长，而取 O 到另一多边形对应边的距离与它相乘再相加就行了.

当 $Q=Q_1$ 时，混合面积 $J(Q,Q_1)$就等于 Q 的面积 $J(Q)$.

任意凸图形的混合面积 在初等几何中，圆的面积和周长分别定义为其内接和外切多边形面积与周长的共同极限. 在 §3 和 §7 中我们用同样的方法定义了封闭凸图形的周长(边界 q 的长). 现在来定义凸图形的面积.

设 Q 为封闭凸图形，$Q^{(n)}$ 和 $Q_1^{(n)}$ 分别为 Q 的内接和外切多边形(图 116). 当边数无限增大且最大边长趋于零时，$Q^{(n)}$ 和 $Q_1^{(n)}$ 便趋于与 Q 重合，其边界 $q^{(n)}$ 与 $q_1^{(n)}$ 也趋于与 Q 的边界 q 重合. 因此，我们定义 Q 的面积和周长如下

$$J(Q)=\lim_{n\to\infty}J(Q^{(n)})=\lim_{n\to\infty}J(Q_1^{(n)})$$

$$l(q)=\lim_{n\to\infty}l(q^{(n)})=\lim_{n\to\infty}l(q_1^{(n)})$$

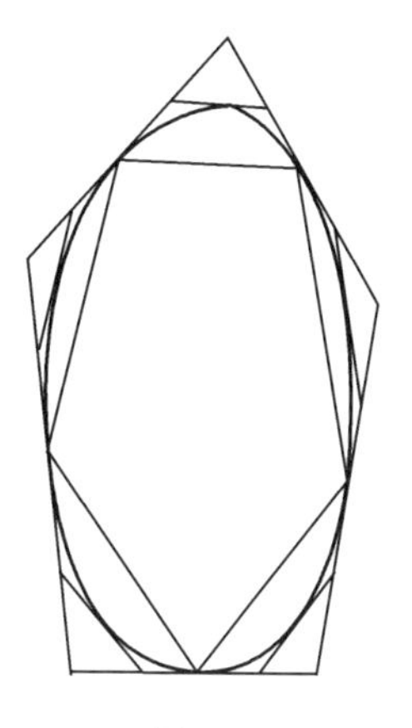

图116

但对于这种极限的存在和唯一性等,就不严格证明了.

现在考虑三个凸图形:$Q,Q_1,Q_s=sQ+s_1Q_1(s+s_1=1, s,s_1\geqslant 0)$. 分别作出它们的内接(或外切)多边形序列 $Q^{(n)},Q_1^{(n)},Q_s^{(n)}$. 那么当 $n\to\infty$ 且最大边趋于0时,有

$$J(Q)=\lim_{n\to\infty}J(Q^{(n)})$$

$$J(Q_1)=\lim_{n\to\infty}J(Q_1^{(n)})$$

$$J(Q_s)=\lim_{n\to\infty}J(Q_s^{(n)})$$

另一方面,由关于多边形的公式(1),有

$$J(Q_s^{(n)})=J(Q^{(n)})s^2+2J(Q^{(n)},Q_1^{(n)})ss_1+J(Q_1^{(n)})s_1^2 \tag{2}$$

式(2)的两边取极限,并记

$$J(Q,Q_1)=\lim_{n\to\infty}J(Q^{(n)},Q_1^{(n)})$$

就得到

$$J(Q_s)=J(Q)s^2+2J(Q,Q_1)ss_1+J(Q_1)s_1^2$$

可见,式(1)对任意凸图形都是成立的.

混合面积的概念是很有用的. 事实上,同凸图形 Q

有关的许多几何量,可以定义为 Q 同另一图形的混合面积.

例 1 射影长可以看做混合面积. 考虑任意凸多边形 Q 和长为 1 的线段 $l=AB$(图 117). 在 Q 中有两条方向相反的边(如没有,可添加"点边")b_i 和 b_j. 线段 l 可以看做"多边形" L,它的两条边 b_i'和 b_j'分别同 b_i 和 b_j 平行同向,其他边 b_k'均为"点边",分别与 A,B 重合.

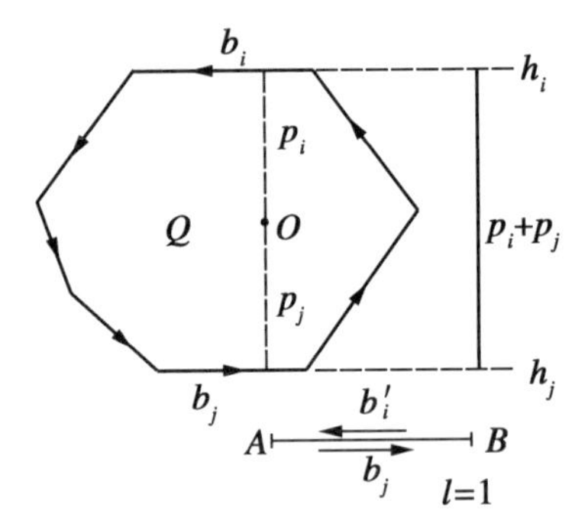

图 117

以 a_k'表示多边形 L 中边 b_k'的长,有

$$a_i'=a_j'=1, a_k'=0 \quad (k\neq i,j)$$

以 p_k 表示原点 O 到 Q 的边 b_k 的距离,那么 Q 与 L 的混合面积

$$J(Q,L)=\frac{1}{2}\sum_{k=1}^{n} a_k' p_k \tag{3}$$

由于除 $a_i'=a_j'=1$ 外,其他 $a_k'=0$,于是公式(3)成为

$$J(Q,L)=p_i+p_j \tag{4}$$

引多边形 Q 平行于 l 的支撑线 h_i 和 h_j,b_i 和 b_j 分别在这两条直线上;p_i 和 p_j 分别为 O 到 h_i 和 h_j 的距离,

p_i+p_j就是 h_i 与 h_j 间的距离. 如果 m 表示 l 的任一垂线,那么 h_i 和 h_j 间的距离即为 Q 在 m 上的射影的长.

这样,如果 l 为单位线段,那么 Q 同 l 的混合面积在数值上等于 Q 在 l 的垂线上的射影长.

我们已对 Q 为多边形的情况证明了上述命题. 通过作内接或外切多边形和求极限的方法,可以证明这个命题对任意凸图形均是正确的.

例 2　周长可看做混合面积. 设 Q 为任意凸多边形,Q_1 为单位圆的外切凸多边形,且 Q_1 与 Q 的边对应平行同向(图 118).

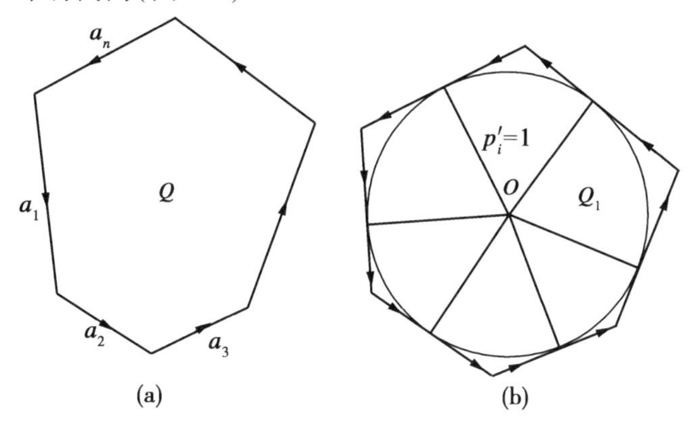

图 118

对给定的凸多边形 Q,符合要求的 Q_1 显然是存在的.

设圆心在坐标原点 O. 我们来求混合面积 $J(Q,Q_1)$. 我们有

$$J(Q,Q_1)=\frac{1}{2}\sum_{i=1}^{n}a_ip'_i \tag{5}$$

这里,n 是 Q 的边数,a_i 为 Q 的边长,p'_i为由 O 向 Q_1 的

对应边所引的垂线长. 由于 Q_1 的边为中心在 O 的单位圆的切线,那么所有的 $p_i'=1$. 因此

$$J(Q,Q_1)=\frac{1}{2}\sum_{i=1}^{n}a_i \tag{6}$$

即 $J(Q,Q_1)$ 等于 Q 的半周长.

这样,如果 Q_1 为单位圆的外切多边形,且 Q_1 与 Q 的边对应平行同向,那么凸多边形 Q 同 Q_1 的混合面积在数值上等于 Q 的半周长.

例 3 基于上例的结果,可证明如下命题:凸图形 Q 同单位圆的混合面积在数值上等于 Q 的半周长

$$J(Q,R)=\frac{1}{2}d \tag{7}$$

这里,d 为任意凸图形 Q 的周长,R 为单位圆.

作 Q 和 R 的边分别平行同向的外切多边形序列 $Q^{(n)}$ 和 $R^{(n)}$,且当 $n\to\infty$(每边都趋于 0)时,$Q^{(n)}$ 趋于 Q,$R^{(n)}$ 趋于 R,由例 2 得到的结果有

$$J(Q^{(n)},R^{(n)})=\frac{1}{2}d^{(n)} \tag{8}$$

其中,$d^{(n)}$ 为多边形 $Q^{(n)}$ 的周长,当 $n\to\infty$(且多边形最大边趋于 0)时,$d^{(n)}\to d$,$J(Q^{(n)},R^{(n)})\to J(Q,R)$,于是对公式(8)取极限,即得公式(7).

§23　若干不等式

应用二次方程的有关知识,可以证明下一节将要用到的几个重要不等式.

柯西 - 布尼亚科夫斯基不等式　对任一对函数

$y(x)$和$y_1(x)$,如下不等式成立

$$\left[\int_{x'}^{x''} yy_1 \mathrm{d}x\right]^2 \leqslant \int_{x'}^{x''} y^2 \mathrm{d}x \cdot \int_{x'}^{x''} y_1^2 \mathrm{d}x \tag{1}$$

且等式当且仅当$y_1(x)=ky(x)$(k为常数)时成立.

事实上,对任意实数t,有

$$0\leqslant \int_{x'}^{x''} (y+ty_1)^2 \mathrm{d}x = \int_{x'}^{x''} y^2 \mathrm{d}x + 2t\int_{x'}^{x''} yy_1 \mathrm{d}x + t^2\int_{x'}^{x''} y_1^2 \mathrm{d}x$$

当且仅当

$$y+ty_1=0$$

即$y_1=-\frac{1}{t}y=ky$时,等式成立(其中$x'<x''$). 记

$$\int_{x'}^{x''} y^2 \mathrm{d}x = a, \int_{x'}^{x''} yy_1 \mathrm{d}x = b, \int_{x'}^{x''} y_1^2 \mathrm{d}x = c$$

那么我们看到,只要$y_1(x)\neq ky(x)$,则表达式$ct^2+2bt+a$总取正值,即方程

$$ct^2+2bt+a=0$$

无实根. 因此$b^2-ac<0$. 当$y_1(x)=ky(x)$时,$ct^2+2bt+a$值为零,即$ct^2+2bt+a=0$有等根,即$b^2-ac=0$(或可直接算出$b^2=ac$),于是$b^2\leqslant ac$,即

$$\left[\int_{x'}^{x''} yy_1 \mathrm{d}x\right]^2 \leqslant \int_{x'}^{x''} y^2 \mathrm{d}x \cdot \int_{x'}^{x''} y_1^2 \mathrm{d}x$$

而且等式当且仅当$y(x)$同$y_1(x)$成比例时成立.

以后把式(1)简称为柯－布不等式.

容易证明,如果$a^2\geqslant b^2, a_1^2\geqslant b_1^2, aa_1\geqslant bb_1$,那么

$$aa_1-bb_1\geqslant \sqrt{a^2-b^2}\sqrt{a_1^2-b_1^2} \tag{2}$$

且仅当$\frac{a_1}{a}=\frac{b_1}{b}$时等式成立.

依之可以证明如下不等式:

对于任一对函数$y(x)$和$y_1(x)$及任一对实数a,

a_1,如下不等式成立

$$aa_1 - \int_{x'}^{x''} yy_1 \mathrm{d}x \geqslant \sqrt{\left(a^2 - \int_{x'}^{x''} y^2 \mathrm{d}x\right)\left(a_1^2 - \int_{x'}^{x''} y_1^2 \mathrm{d}x\right)} \tag{3}$$

(如果所有差均非负)且仅当 $y(x)$,$y_1(x)$ 与 a,a_1 成比例时等式成立.

事实上,由柯-布不等式,有

$$\int_{x'}^{x''} yy_1 \mathrm{d}x \leqslant \sqrt{\int_{x'}^{x''} y^2 \mathrm{d}x \cdot \int_{x'}^{x''} y_1^2 \mathrm{d}x}$$

因此

$$aa_1 - \int_{x'}^{x''} yy_1 \mathrm{d}x \geqslant aa_1 - \sqrt{\int_{x'}^{x''} y^2 \mathrm{d}x \cdot \int_{x'}^{x''} y_1^2 \mathrm{d}x} \tag{4}$$

在不等式(2)中取

$$b = \sqrt{\int_{x'}^{x''} y^2 \mathrm{d}x}, b_1 = \sqrt{\int_{x'}^{x''} y_1^2 \mathrm{d}x} \tag{5}$$

即得

$$aa_1 - \sqrt{\int_{x'}^{x''} y^2 \mathrm{d}x \int_{x'}^{x''} y_1^2 \mathrm{d}x}$$
$$\geqslant \sqrt{\left(a^2 - \int_{x'}^{x''} y^2 \mathrm{d}x\right)\left(a_1^2 - \int_{x'}^{x''} y_1^2 \mathrm{d}x\right)} \tag{6}$$

由不等式(4)(6)即推出不等式(3),且欲使不等式(3)中等式成立,需使

$$\frac{y_1(x)}{y(x)} = k \quad (k\text{ 为正常数})$$

及

$$\frac{a_1}{a} = \frac{b_1}{b}$$

但由式(5)

$$\frac{a_1}{a} = \frac{b_1}{b} = \sqrt{\frac{\int_{x'}^{x''} y_1^2 \mathrm{d}x}{\int_{x'}^{x''} y^2 \mathrm{d}x}} = \sqrt{\frac{\int_{x'}^{x''} k^2 y^2 \mathrm{d}x}{\int_{x'}^{x''} y^2 \mathrm{d}x}} = k$$

§24　布鲁诺－闵可夫斯基不等式

这一节我们就来证明与图形的面积和混合面积有关的不等式.

定理　设给定凸图形

$$Q, Q_1, Q_s = sQ + s_1 Q_1 \quad (s + s_1 = 1, s, s_1 \geqslant 0)$$

它们的面积分别为 F, F_1 和 F_s,那么不等式

$$\sqrt{F_s} \geqslant s\sqrt{F} + s_1\sqrt{F_1} \tag{1}$$

成立,且等式仅当 Q 与 Q_1 位似①时成立.

我们注意到,当 Q 与 Q_1 位似时,它们同 Q_s 也位似,这时,如果 Q_1 同 kQ 全等,那么 Q_s 全等于 $sQ + ks_1 Q = (s + s_1 k) \cdot Q$. 对此

$$F_1 = k^2 F, F_s = (s + s_1 k)^2 F$$

$$\sqrt{F_s} = (s + s_1 k)\sqrt{F} = s\sqrt{F} + s_1 k\sqrt{F}$$

$$= s\sqrt{F} + s_1\sqrt{F_1}$$

这就证实了在位似情形下不等式(1)成立,且变为等式.

不等式(1)等价于不等式

$$F_{0,1} \geqslant \sqrt{FF_1} \tag{2}$$

---

① 位似即同位相似(Гомотетилно, homothetic),对应点连线平行或交于一点的相似形.

这里,$F_{0,1}=J(Q,Q_1)$即 Q 和 Q_1 的混合面积.

事实上,由§22 中的公式(1),有

$$F_s=s^2F+2ss_1F_{0,1}+s_1^2F_1 \tag{3}$$

式(1)两边平方

$$F_s\geqslant s^2F+2ss_1\sqrt{FF_1}+s_1^2F_1 \tag{4}$$

由式(3)可知,不等式(2)和(4)是等价的.

不等式(1)是布鲁诺(Г. Брунно)证明的. 它成为等式的条件则是闵可夫斯基求得的. 以后简称为布-闵不等式. 布-闵不等式有许多证明方法,下面给出的是伏罗宾努斯(Фробениус)的几何证法.

考虑两个任意凸图形 Q 和 Q_1(图 119). 作与它们的边对应平行的外切三角形 ABC 和 $A_1B_1C_1$. 如果

$$Q_s=sQ+s_1Q_1 \quad (s+s_1=1,s,s_1\geqslant 0)$$

那么由§20 的定理 2 知

$$\triangle A_sB_sC_s=s\triangle ABC+s_1\triangle A_1B_1C_1$$

这里,$\triangle A_sB_sC_s$ 是 Q_s 的与前两个三角形有对应平行边的外切三角形(因此,与前两个三角形相似).

过图形 Q 的边界上一点 D 引支撑直线交$\triangle ABC$ 的边界于 M,N. MN 上指向环绕边界正方向的线段 DM 称为正支撑线段,而 DN 称为负支撑线段. 设 D_1M_1 和 D_sM_s 分别为 Q_1 和 Q_s 的平行于 DM 的正支撑线段. 如果它们同 x 轴所成的角为 α,分别以 $l(\alpha)$,$l_1(\alpha)$和 $l_s(\alpha)$表示线段 DM,D_1M_1 和 D_sM_s 的长度,那么有

$$l_s(\alpha)=sl(\alpha)+s_1l_1(\alpha) \tag{5}$$

引图形 Q(类似地引 Q_1 和 Q_s)的所有正支撑线段. 这些线段充满$\triangle ABC$ 的在 Q 之外的部分,我们以($\triangle ABC-Q$)表示这部分(类似地以$\triangle A_1B_1C_1-Q_1$,$\triangle A_sB_sC_s-Q_s$ 表示相应的部分). 考虑一个无限窄的

$\triangle MDM'$,它夹在 Q 两条无限接近的正支撑线段和 $\triangle ABC$ 的边之间. 如果 $\mathrm{d}\alpha$ 是它在顶点 D 处的无穷小角,因 $l(\alpha)$ 是 DM 的长,那么 $\triangle MDM'$ 的面积等于 $\frac{1}{2}\cdot l^2(\alpha)\mathrm{d}\alpha$. 整个区域($\triangle ABC-Q$)的面积等于它所分成的所有无限窄三角形的面积之和,即

$$\frac{1}{2}\int_0^{2\pi} l^2(\alpha)\mathrm{d}\alpha$$

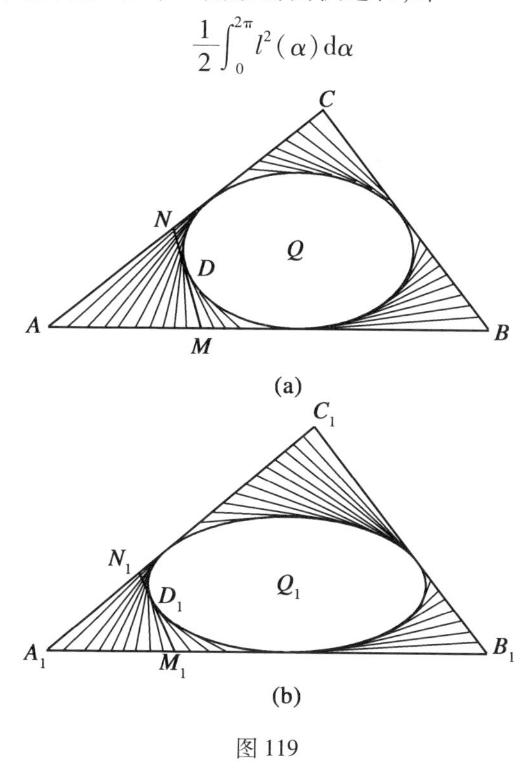

图 119

分别以 F,F_1,F_s 表示 Q,Q_1,Q_s 的面积,以 J,J_1,J_s 表示 $\triangle ABC$, $\triangle A_1B_1C_1$, $\triangle A_sB_sC_s$ 的面积,那么由上述推理知

$$F = J(Q) = J - \frac{1}{2}\int_0^{2\pi} l^2(\alpha)\,\mathrm{d}\alpha \qquad (6)$$

类似的

$$F_1 = J(Q_1) = J_1 - \frac{1}{2}\int_0^{2\pi} l_1^2(\alpha)\,\mathrm{d}\alpha \qquad (7)$$

$$F_s = J(Q_s) = J_s - \frac{1}{2}\int_0^{2\pi} l_s^2(\alpha)\,\mathrm{d}\alpha \qquad (8)$$

由于$\triangle ABC$，$\triangle A_1B_1C_1$ 和$\triangle A_sB_sC_s$ 对应边平行，它们必为位似形，因此我们有（见本节开头的证明）

$$J_s = (s\sqrt{J} + s_1\sqrt{J_1})^2 \qquad (9)$$

把式(9)(5)代入式(8)，有

$$\begin{aligned} J(Q_s) &= (s\sqrt{J} + s_1\sqrt{J_1})^2 - \frac{1}{2}\int_0^{2\pi}[sl(\alpha) + s_1 l_1(\alpha)]^2\mathrm{d}\alpha \\ &= s^2 J + 2ss_1\sqrt{JJ_1} + s_1^2 J_1 - \frac{1}{2}\int_0^{2\pi}[s^2 l^2(\alpha) + \\ &\quad 2ss_1 l(\alpha)l_1(\alpha) + s_1^2 l_1^2(\alpha)]\mathrm{d}\alpha \\ &= s^2\left[J - \frac{1}{2}\int_0^{2\pi} l^2(\alpha)\,\mathrm{d}\alpha\right] + \\ &\quad 2ss_1\left[\sqrt{JJ_1} - \frac{1}{2}\int_0^{2\pi} l(\alpha)l_1(\alpha)\,\mathrm{d}\alpha\right] + \\ &\quad s_1^2\left[J_1 - \frac{1}{2}\int_0^{2\pi} l_1^2(\alpha)\,\mathrm{d}\alpha\right] \end{aligned}$$

另一方面（§22 公式(1)）

$$J(Q_s) = s^2 J(Q) + 2ss_1 J(Q, Q_1) + s_1^2 J(Q_1)$$

注意到式(6)(7)，于是得到

$$J(Q, Q_1) = \sqrt{JJ_1} - \frac{1}{2}\int_0^{2\pi} l(\alpha)l_1(\alpha)\,\mathrm{d}\alpha \qquad (10)$$

如对§23 中的不等式(3)里面的 a, a_1 作如下定义

$$J = \frac{1}{2}a^2, J_1 = \frac{1}{2}a_1^2 \qquad (11)$$

那么
$$\sqrt{JJ_1}=\frac{1}{2}aa_1$$

而将 $y(x)$，$y_1(x)$ 和 x 分别取作 $\frac{l(\alpha)}{\sqrt{2}}$，$\frac{l_1(\alpha)}{\sqrt{2}}$ 和 α，那么有

$$\sqrt{JJ_1}-\frac{1}{2}\int_0^{2\pi}l(a)l_1(a)\mathrm{d}a$$
$$\geqslant\sqrt{\left[J-\frac{1}{2}\int_0^{2\pi}l^2(\alpha)\mathrm{d}\alpha\right]\left[J_1-\frac{1}{2}\int_0^{2\pi}l_1^2(\alpha)\mathrm{d}\alpha\right]}$$

再据式(6)(7)和式(10)得
$$J(Q,Q_1)\geqslant\sqrt{J(Q)J(Q_1)} \tag{12}$$
按定理中原来的符号 $J(Q,Q_1)=F_{0,1}$，$J(Q)=F$，$J(Q_1)=F_1$，那么式(12)即不等式(2)，布－闵不等式成立.

另一方面，要使式(12)中的等式成立，由§21中的不等式(3)成立的条件及 a，a_1，$y(x)$，$y_1(x)$ 的取法知，仅需对任意的 α，有
$$\frac{l(\alpha)}{l_1(\alpha)}=\frac{a}{a_1}=\frac{\sqrt{J}}{\sqrt{J_1}} \tag{13}$$
而 $\frac{\sqrt{J}}{\sqrt{J_1}}=k$ 正是 $\triangle ABC$ 与 $\triangle A_1B_1C_1$ 的相似比. 式(13)表明，Q 与 Q_1 的对应平行的正支撑线段的比等于 k，类似推理可知，对应平行的负支撑线段的比这时也等于 k. 因此，夹在外切三角形边之间的对应平行的支撑线段之比等于 k，即 $MN=k\cdot M_1N_1$.

现在考虑图形 $kQ_1=Q_2$. 作 Q_2 的外切三角形 $k\triangle A_1B_1C_1=\triangle A_2B_2C_2$. 线段 $k\cdot M_1N_1=M_2N_2$ 是 Q_2 的支撑线，其端点在 $\triangle A_2B_2C_2$ 上. 由于 k 是 $\triangle ABC$ 同

$\triangle A_1B_1C_1$ 的相似比,那么$\triangle A_2B_2C_2$ 与$\triangle ABC$ 全等且边对应平行,故被平行且相等的 M_2N_2 和 MN(均等于 $k\cdot M_1N_1$)截下的$\triangle A_2M_2N_2$ 和$\triangle AMN$ 也全等. 那么当平移$\triangle ABC$ 使其与$\triangle A_2B_2C_2$ 重合时,Q 的每条支撑线同平行于它的 Q_2 的支撑线重合,这时,图形 Q 与 $Q_2 = kQ_1$ 也重合. 总之,Q 可以由 Q_1 乘以数 k 并经平移而得到,即 Q 和 Q_1 为位似形.

因此,布-闵不等式仅对位似形成为等式.

说明 布-闵不等式(及其成为等式的充要条件)在三维的情形下也是成立的,这只要在式(1)中以立方根代替平方根,并把 F 看做体积就行了(它在 n 维的情形下也是正确的).

§25 凸体的截面

分别在两个平行平面 P 和 P_1 上给定凸图形 Q 和 Q_1(图 120). 把图形 Q 的每一点 q 和 Q_1 的每点 q_1 用线段联结,这些线段的集合即构成一个立体 T(在图 120 中,Q 和 Q_1 均为平行四边形,但不相似).

考虑 $P_s = sP + s_1P_1(s + s_1 = 1, s, s_1 \geqslant 0)$ 截 T 所得的截面 Q_s. 因为 P_s 平行于 P 和 P_1 且分它们之间的距离为 $s_1:s$,立体 T 的每条线段 $qq_1(q\in Q, q_1\in Q_1)$ 也被 P_s 分为 $s_1:s$,其分点为

$$q_s = sq + s_1q_1$$

以 Q_s 表示点 q_s 的集合,那么

$$Q_s = sQ + s_1Q_1$$

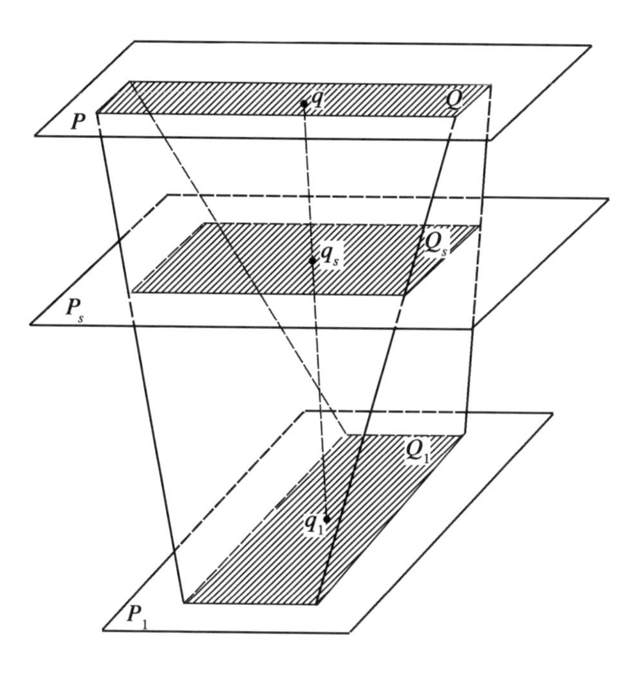

图 120

因为在 §24 中证明布－闵不等式的推理从实质上看，并未用到 Q 与 Q_1 共面的假定，因此，对 Q 和 Q_1 分别在两个平行平面上的情形，证明仍是正确的. 因此 §24 的不等式(1)即

$$\sqrt{J(Q_s)} \geqslant s\sqrt{J(Q)} + s_1\sqrt{J(Q_1)} \tag{1}$$

仍然成立. 这表明，如果把 $P_s = sP + s_1P_1$ 截立体 T 所得截面的面积 $J(Q_s)$ 看做 s 的函数，那么它的平方根 $\sqrt{J(Q_s)}$ 是凹函数.

不等式(1)仅当 Q 和 Q_1 是位似形时成为等式. 但在这种情况下，不难验证，立体 T 必为柱体(图 121)或台体即截锥体(图 122). 特别的，如 Q 或 Q_1 缩为一点，

T 是一个锥体(图 123,这里画的是圆锥).

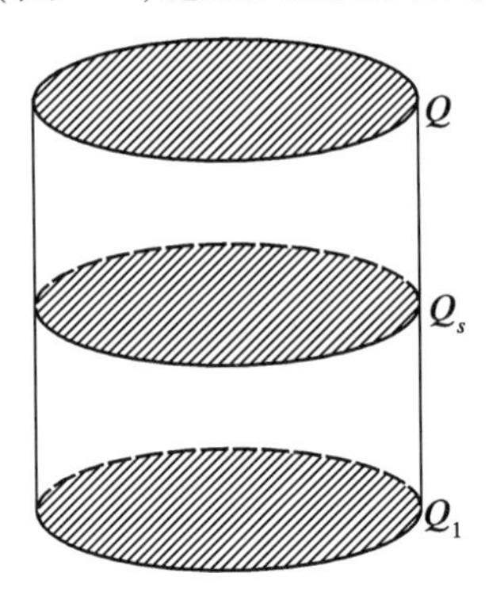

图 121

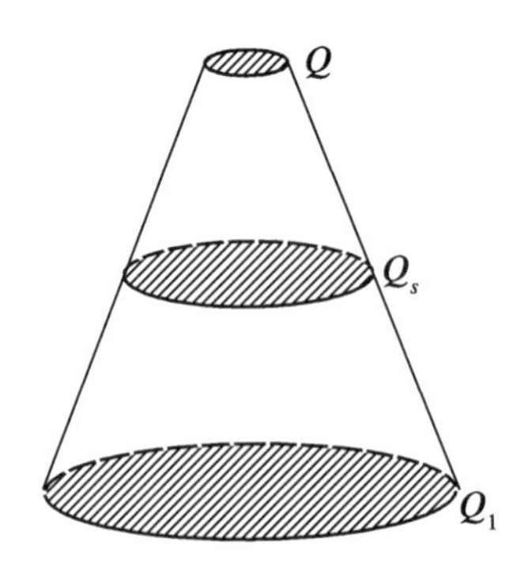

图 122

凸体的截面 考虑三维凸体 K. 在空间引一条直线作为 x 轴,并以垂直于该轴的平面截 K(图 124).

在 x 轴上取点 x,x_1,并在 x 与 x_1 之间取点 x_s,则

$$x_s = sx + s_1x_1 \quad (s + s_1 = 1, s, s_1 \geqslant 0)$$

分别以 Q,Q_1 和 Q_s 表示过 x,x_1 和 x_s 而垂直于 x 轴的平面 P,P_1 和 P_s 截 K 所得的截面. 我们有以下定理.

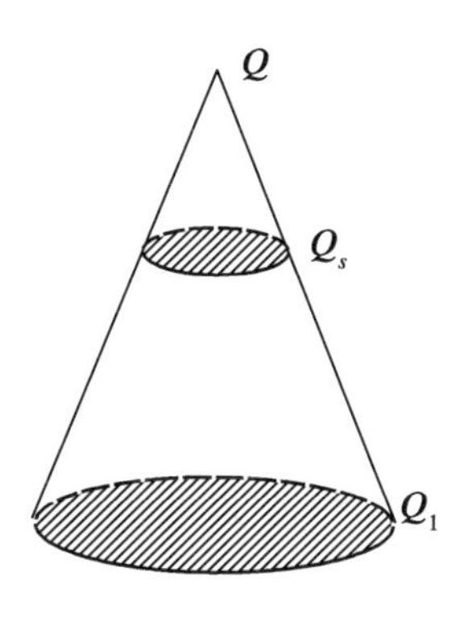

图 123

定理 1　截面面积 $J(Q)$,$J(Q_1)$ 和 $J(Q_s)$ 满足不等式

$$\sqrt{J(Q_s)} \geqslant s\sqrt{J(Q)}+s_1\sqrt{J(Q_1)} \qquad (2)$$

仅当 K 在截面 Q 和 Q_1 之间的部分为柱体或截锥体时,等式成立.

以 T 表示联结 Q 所有点同 Q_1 所有点的线段构成的立体(图 124). 因 Q 和 Q_1 在 K 内,那么整个 T 包含在 K 内. 以 $\overline{Q_s}$ 表示 P_s 截 T 的截面,那么 $\overline{Q_s}$ 在 Q_s 内,因此

$$J(Q_s) \geqslant J(\overline{Q_s})$$

但由不等式(1),有

$$\sqrt{J(\overline{Q_s})} \geqslant s\sqrt{J(Q)}+s_1\sqrt{J(Q_1)}$$

于是推出不等式(2).

如果 K 夹在 P 与 P_1 间的部分与 T 重合,且截面 Q 与 Q_1 为位似形,那么不等式(2)将成为等式. 但此时 K 的这部分就是柱体或截锥. 因此我们有结论:关于凸体截面的不等式仅对柱体或锥体成为等式. 特别的,有

下面的定理.

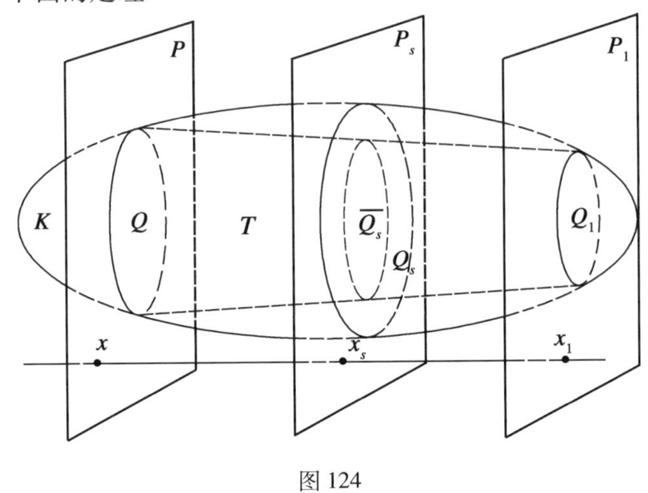

图 124

定理 2 如果凸体的平行截面 R, R_1 和 R_s(R_s 在 R 和 R_1 之间)面积相等,那么凸体夹在 R 和 R_1 之间的部分 Q 是柱体.

§26 布 - 闵不等式的推论

路易定理 数学家路易(Луилъе)发现了如下与等周问题有关的定理,它可以作为布 - 闵不等式的一个推论.

定理 1 在给定了周长 l 和各方方向的所有凸多边形中,面积最大的是圆的外切多边形.

设 Q 是周长为 l 的凸多边形,而 Q_1 是边分别平行于 Q 的边且外切于单位圆的多边形. 分别以 s 和 s_1 表示 Q 和 Q_1 的面积. 由布 - 闵不等式知

$$J(Q,Q_1)\geqslant\sqrt{J(Q)J(Q_1)}=\sqrt{ss_1}\qquad(1)$$

等式仅当 Q 与 Q_1 为位似形时成立. 由 §22 例 2 知,混合面积 $J(Q,Q_1)$ 在数值上等于多边形 Q 的半周长,即 $J(Q,Q_1)=\frac{1}{2}l$. 再由式(1),有

$$\frac{1}{2}l\geqslant\sqrt{ss_1}$$

平方得

$$\frac{1}{4}l^2\geqslant ss_1$$

于是

$$J(Q)=s\leqslant\frac{l^2}{4s_1}\qquad(2)$$

且如果 Q 不外切于圆(即不同 Q_1 位似),则有严格不等式

$$s<\frac{l^2}{4s_1}$$

成立. 对外切于圆的多边形 Q,式(2)中等式成立,即 $J(Q)$ 达到极大值$\frac{l^2}{4s_1}$.

等周问题　定理 2　周长为 l 的一切图形中,面积最大的是圆.

设图形 Q 的周长为 l,面积为 s,以 Q_1 表示单位圆,那么 Q_1 的面积为 π. 由布 - 闵不等式有

$$J(Q,Q_1)\geqslant\sqrt{J(Q)J(Q_1)}=\sqrt{\pi s}$$

且如 Q 不是圆,则严格不等式成立.

由前面已证过的命题(§22 的例 3)知 $J(Q,Q_1)=\frac{l}{2}$,那么

$$\frac{1}{2}l \geqslant \sqrt{\pi s}$$

由此

$$s \leqslant \frac{l^2}{4\pi} \tag{3}$$

仅当 Q 为圆时等式成立.

以后我们还要证明一般的结论,即不等式(3)对任意图形(而不仅是凸图形)成立,从而完成等周定理的证明.

最后我们指出,如果对一般凸图形的线性组合 $\sum s_i Q_i$ 加以研究,将会得到更加丰硕的成果.

习　题

1. 已知点 q,q_1 到直线 l(或平面 α)的距离分别为 d 和 d_1(q,q_1 与 l 共面),q_s 内分线段 qq_1 成 $qq_s:q_sq_1=s_1:s(s,s_1>0)$. 求证:存在 $s',s_1'>0$ 使 q_s 到 l 的距离 $d_s=s'd+s_1'd_1$ 且 $s'+s_1'=1$.

2. 求证:对任意两点 q,q_1,满足条件

$$q_s=sq+(1-s)q_1 \quad (0\leqslant s\leqslant 1)$$

的点的轨迹是联结这两点的线段 qq_1. 如果 $\mathbf{R}$ 表示实数集,那么集合$\{q_s \mid q_s=sq+(1-s)q,s\in\mathbf{R}\}$表示过两点 q 和 q_1 的直线 l. 并讨论 q_s 在 l 上的位置同 s 的关系.

3. 仿凹函数来定义凸函数. 试证明 $y=f(x)$ 在区间(a,b)上为凸函数的充要条件是对任一对实数 x,$x_1\in(a,b)$,$x_s=sx+s_1x_1(s+s_1=1,s,s_1\geqslant 0)$有

$$f(x_s)\leqslant sf(x)+s_1f(x_1)$$

4. 求证:对任何图形 U 和点 q_0,有

$$U+q_0\cong U$$

5. 求证:

1)对任意图形 U 和正数 s,U 与 sU 为位似形,且如果 U 至少有两个点,那么位似系数 s 等于相似比;

2)如 U 和 U_1 为位似形,则 $U_s=sU+s_1U_1(s+s_1=1,s,s_1\geqslant 0)$ 也与 U 为位似形.

6. 设 AB,CD 为共面两条线段,那么图形 $s\cdot AB+s_1\cdot CD(s+s_1=1,s,s_1\geqslant 0)$ 必为以 A,B,C,D 为顶点的四边形(或三角形,或一条线段),且定为凸图形.

7. 试证:任意凸图形 Q 同单位线段 l 的混合面积在数值上等于 Q 在 l 的垂线上的射影长.

8. 设 Q 为任意凸多边形. 试证:存在同 Q 的边对应平行同向的任意圆的外切多边形 Q_1,且 Q_1 为凸多边形.

9. a,b,a_1,b_1 为实数,$ab\neq 0$,如果 $a^2\geqslant b^2$,$a_1^2\geqslant b_1^2$,$aa_1\geqslant bb_1$,试证

$$aa_1-bb_1\geqslant\sqrt{a^2-b^2}\cdot\sqrt{a_1^2-b_1^2}$$

且等式仅当$\frac{a_1}{a}=\frac{b_1}{b}$时成立.

10. 试证:边对应平行的三角形(不必共面)必为位似形.

11. 设台体的上、下底 Q,Q_1 的面积分别为 F 和 F_1,试以 F,F_1,s 表示截面 $Q_s=sQ+(1-s)Q_1(0\leqslant s\leqslant 1)$的面积 $F(s)$. 并证明 $\sqrt{F(s)}$ 为凹函数.

12. 推导半径为 R 的球到球心距离为 $R-s$ 的截面面积公式 $F(s)$. $\sqrt{F(s)}$ 是不是凹函数?

闵可夫斯基-亚历山大洛夫定理

第5章

§27 定理的建立

在第3章,我们证明了关于多面体结构稳定性的柯西定理. 但是,所谓对应相等的面"排列相同",往往不容易确切地理解. 它似乎与面的方向和相对位置有关. 这一节我们从另一角度进一步考察凸多面体的结构,并运用第4章建立的关于凸体线性组合这一工具.

闵可夫斯基定理 两个图形或立体,如果通过平移可以互相重合,那么就叫作同位全等的. 显然,同位全等的图形对应点连线是互相平行的,这是位似关系的一个特例. 另外,在§3和§4中我们曾经指出,在两个凸多边形或凸多面体中,具有平行外法线的边或面是同向的. 那么,有如下定理.

定理1 如果一个凸多边形的每条边等于另一凸多边形中对应同向的边,且反之亦然,那么它们同位全等.

这个定理是很明显的. 问题在于它在多面体上的推广. 这时,似乎需要同向面全等,但实际上和柯西定理一样,只要同向面(的面积)相等就够了. 这个推广是闵可夫斯基在 1897 年证明的,内容是:

定理 2　如果一个凸多面体的每个面等于另一凸多面体中对应同向的面,且反之亦然,那么两个多面体同位全等.

为了弄清这个定理,我们看一个简单的例子. 比如,有一个直棱柱 H_1,如果凸多面体 H_2 的面与 H_1 的面对应同向,则 H_2 也是直棱柱,这是不难证明的. 如果再能证明对应同向的面结构相同,排列相同,再加上"相等"这个条件,应用柯西定理就行了. 然而问题在于,一般说来,两个多面体中同向面(即具有平行外法线的面)不见得结构相同. 如图 125 所示的两个多面体中有两个同向面,一个是三角形,一个是四边形. 如果明白了这种情形,就可以理解闵氏定理的"要害"了.

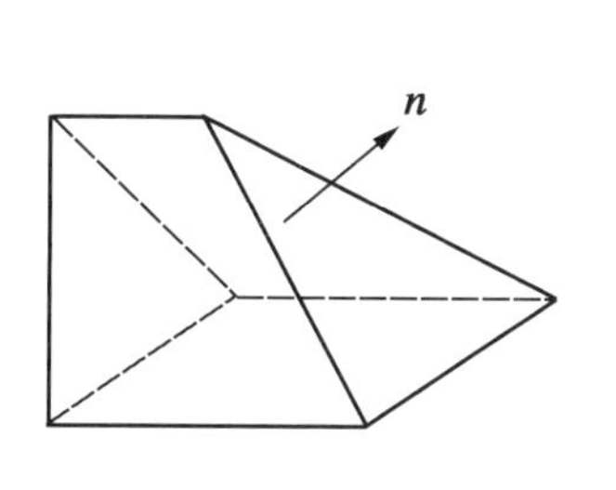

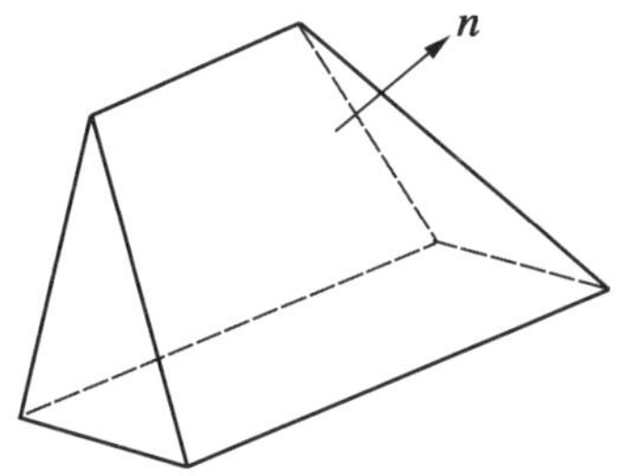

图 125

亚历山大洛夫定理　闵氏定理是如下亚历山大洛夫定理的特殊情形. 先引入一个概念.

如果多边形 P_1 不越出多边形 P_2 的边界,且至少有一边(可能除其端点之外)在 P_2 内,我们就说 P_1 在 P_2 内. 如图 126 所示,梯形 $BCED$ 和四边形 $FKHG$ 均在$\triangle ABC$ 之内.

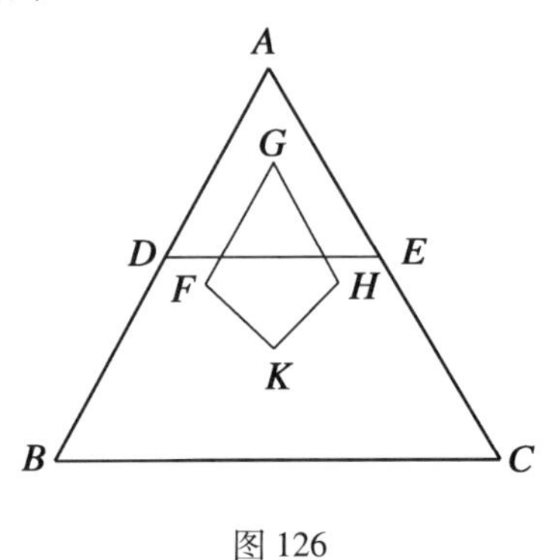

图 126

定理 3 设有两个凸多面体 H_1 和 H_2. H_1 的每个面对应于 H_2 中的同向面,反之亦然. 如果同向面互不能平移在内,那么两个多面体同位全等.

说详细一点,设凸多面体 H_1 的每个面 $P_1^{(k)}$ 对应于 H_2 中与它同向(具有平行外法线)的面 $P_2^{(k)}$,反之亦然,使 H_1 的面同 H_2 的面一一对应. 再设不能用平移的方法把 $P_1^{(k)}$ 放到 $P_2^{(k)}$ 内或把 $P_2^{(k)}$ 放到 $P_1^{(k)}$ 内,那么定理断言,H_1 和 H_2 同位全等,即通过平移可以重合.

几条推论 我们先证明,由上述亚氏定理可推出闵氏定理.

设凸多面体 H_1 和 H_2 的所有面对应同向且相等. 相等面中的一个显然不能放到另一个内部,因此满足定理 3 的条件. 故 H_1 和 H_2 同位全等.

类似可以推出:

定理 4 如果两个凸多面体的面一一对应,对应

面同向且周长相等,那么它们同位全等.

在证明关于凸多面体的定理以前,先叙述一些预备知识.

§28　关于凸多边形的一个定理

如果多边形 P_1 通过平移可放到多边形 P_2 内或同 P_2 重合,就说 P_1 可移到 P_2 上. 考虑 P_1 与 P_2 的同向边(即外法线平行的边),如果对一个多边形的某边,另一多边形没有同向边,就把与外法线平行的支撑线所过的顶点(点边)看做同向边,且只把同向边加以比较.

我们说(一组)边 $l_1,l_2,\cdots,l_n$ 大于(另一组)边 l'_1, $l'_2,\cdots,l'_n$,是指 $l_1\geqslant l'_1,l_2\geqslant l'_2,\cdots,l_n\geqslant l'_n$,且至少有一对边满足 $l_i>l'_i$. 这时也说边 $l'_1,\cdots,l'_n$ 小于边 $l_1,\cdots,l_n$.

引理1　如果凸多边形 P_1 的所有边(可能除了一边 l_0 之外)小于 P_2 的边,那么 P_1 可平移到 P_2 内.

取 P_1 的顶点 A_1 和 P_2 的对应顶点(对应同向边的交点)A_2,过 A_1 引平行于 l_0 的支撑线. 平移 P_1 使 A_1 同 A_2 重合,记作 A. 这时 A 和 l_0 把 P_1 边界分为两条折线 AB_1 和 AC_1. 相应的,P_2 的边界也被分为两条折线 AB_2 和 AC_2(图127). 折线 AB_1 不可能穿过 AB_2 而伸到多边形 P_2 外边去. 我们用反证法证明这一点. 设 AB_1 从点 D 穿过了 AB_2(图128).

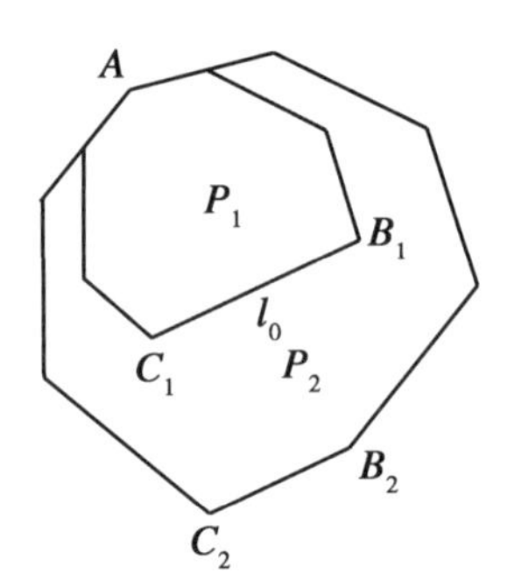

图 127

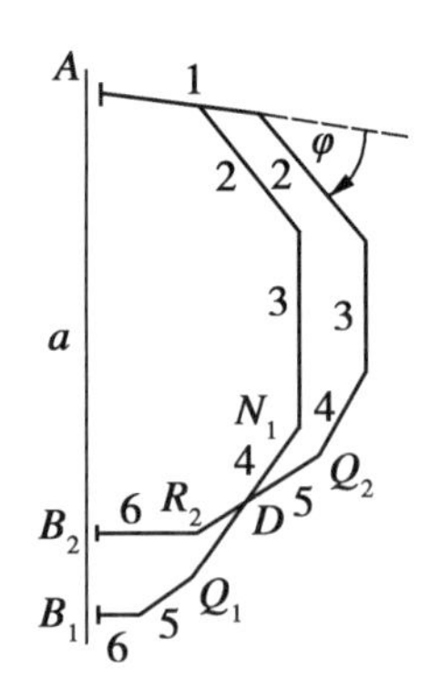

图 128

引 l_0 的垂线 a. 从 A 出发沿折线 AB_1 和 AB_2 前进，将同向边标号(注意点边也要标号). 当由一边到相邻的下一边时,要转过一个角(如图 128 的角 φ). 设 AB_1 穿过 D 的边是 N_1Q_1,而 D 在 AB_2 的边 Q_2R_2 上. 因为走到 N_1Q_1 转过的角小于走到 Q_2R_2 转过的角,因此 N_1Q_1 的标号小于 Q_2R_2 的标号. 所以沿 AB_1 前进比沿 AB_2 前进先到达点 D(如图 129 所示的特殊情形下,同时到达点 D). 因此 AQ_1 在直线 a 上的射影将比 AQ_2

的射影长些. 但因两条折线的边对应平行,那么要使 AQ_1 的射影较长只有它有较长的边才行(图 129). 但是按条件,AB_1 没有比 AB_2 中的对应边长的边. 因此 AB_1 不会穿过 AB_2 的边到 P_2 外部.

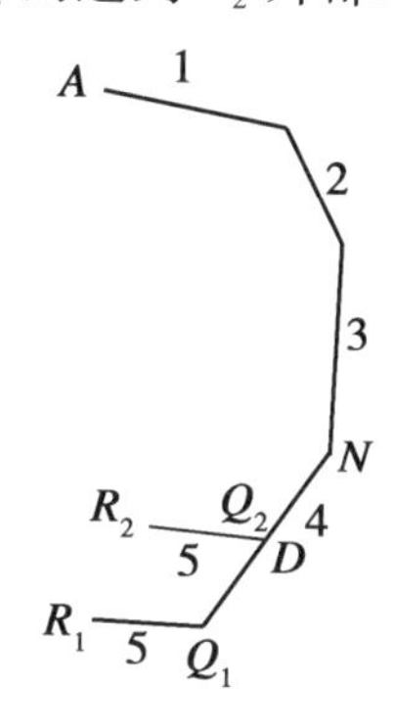

图 129

同样可证 AC_1 不会穿过 AC_2 到 P_2 外部. 最后,无论 AB_1 还是 AC_1 都不可能穿过同 l_0 对应的边 B_2C_2 到 P_2 外部,否则它们在 a 上的射影将分别比 AB_2 和 AC_2 的射影长,这就会推出除 l_0 外 P_1 还有比 P_2 长的对应边. 而 B_1,C_1 在 P_2 上,P_2 是凸多边形,l_0 也在 P_2 上. 又 P_1 至少有一边比 P_2 中的对应边短,因此,P_1 在 P_2 内.

引理 2　设 $\angle O$ 内有两条凸折线 Q_1 和 Q_2,首末端均在 $\angle O$ 的边上,且凸向朝 O. 如果过 O 的某射线在 Q_2 之前同 Q_1 相遇,那么 Q_1 有小于 Q_2 的对应边(即同向边,图 130).

为了证明此引理,我们把 Q_2 向点 O 进行"相似压缩"变换,这时,Q_2 的边将成比例地缩小. 使 Q_2 全部进入由$\angle O$的边及Q_1的边围成的区域,但还有某一部分同Q_1相连接时(或如图131所示有若干条边共线,或如图132所示在某一顶点即点边相重),那么相连接的边中,Q_2的边必不小于Q_1的边(因为这时Q_1在凹向内部).因此,在缩小以前,Q_2的这条边大于Q_1中的相应边.

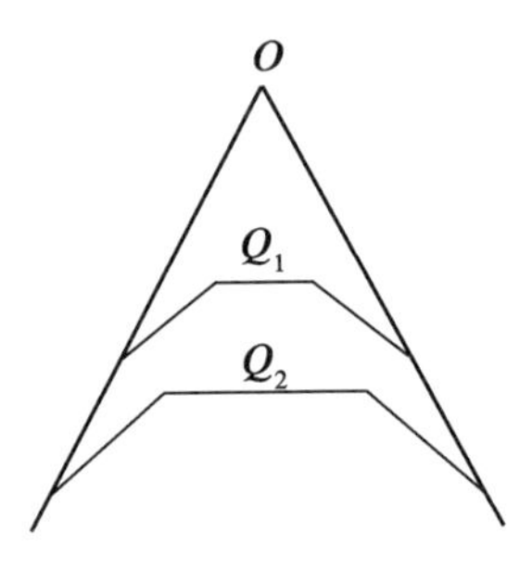

图 130

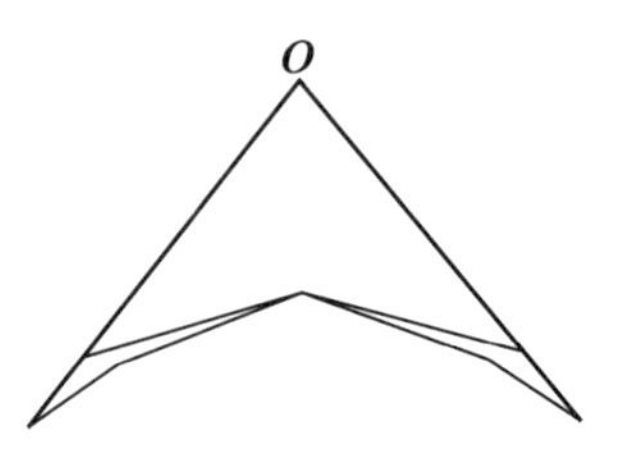

图 131

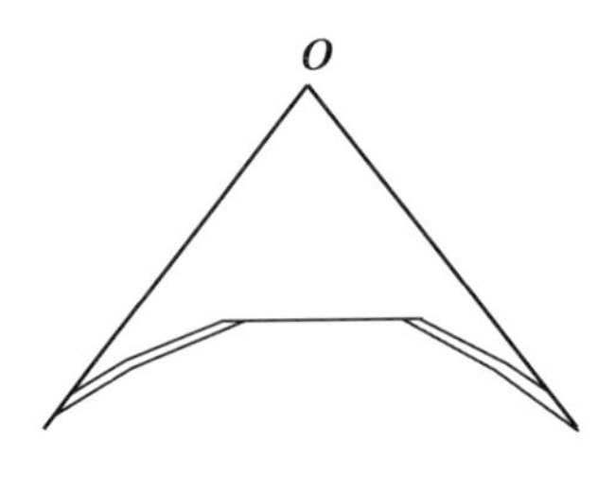

图 132

下面关于多边形的定理是与 §14 中的引理 2 非常类似的.

定理　如果两个多边形中的任何一个不能平移到另一个上,那么它们的同向边的长度之差的符号,当环绕任一个多边形时,变化不少于 4 次.

比如,设有多边形 P_1 和 P_2(图 133). 如果多边形 P_1 的边大于 P_2 的同向边,就在这边画"＋"号(因长度差为正),小于同向边,就画"－"号,相等的,就不标号. 那么当环绕 P_1 时,应不少于 4 次变号.

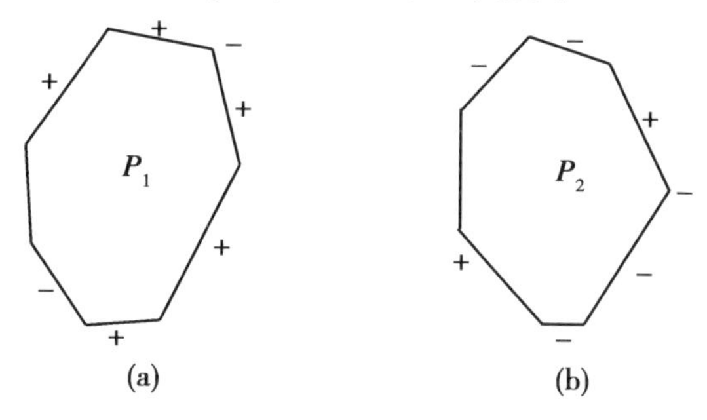

图 133

设 P_1 和 P_2 为凸多边形,不可能把其中一个平移到另一个上去. 如果 P_1 的所有边小于 P_2 的边(注意引理 1 前面的说明),或 P_2 的所有边小于 P_1 的边,那么由引理 1 知,P_1 可平移到 P_2 内或 P_2 可平移到 P_1 内,与题设矛盾. 因此,P_1 与 P_2 的边均互有大小,因而边长之差的变号不少于 2 次(因变号数必为偶数).

现在设变号恰有 2 次. 那么多边形 P_1 和 P_2 的边界均可被分为两条折线:P_1',P_1''和 P_2',P_2'',使得 P_1'的边

小于 P_2'的边而 P_1''的边大于 P_2''的边.

凸多边形邻边外法线夹角和 Σ 等于 2π. 由于 P_1'和 P_1''接头处邻边外法线构成的角不计入它们各自邻边外法线的夹角和 Σ_1'与 Σ_1'',因此 Σ_1'与 Σ_1''中至少有一个小于 π. 不妨设 $\Sigma_1''<\pi$,那么,由于 P_2''与 P_1''有对应同向边,故 P_2''邻边外法线夹角和 $\Sigma_2''<\pi$. 这时,如引 P_1''的两条支撑线,则 P_1''以凸向朝着其夹角的顶点(图 134)(如果 $\Sigma_1''>\pi$,那么 $\Sigma_1'<\pi$,这时 $\Sigma_2'<\pi$. 交换 P 和 P_2 的符号,把 P_2'看做 P_1'',于是仍有 $\Sigma_1''<\pi$ 且 P_1''的边大于 P_2''的边).

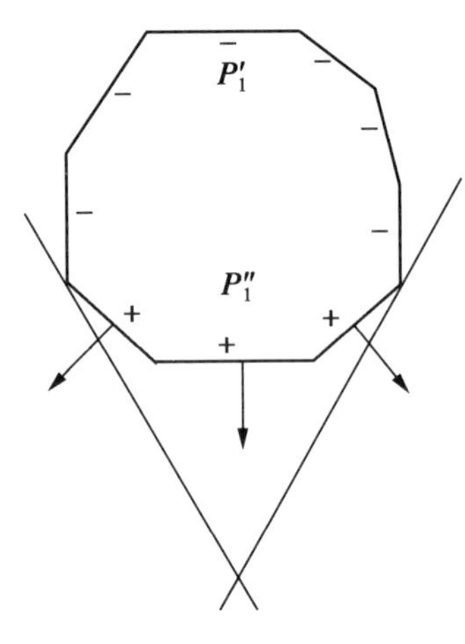

图 134

因 P_1'的边小于 P_2'的边,以直线段分别联结 P_1'和 P_2'的两端点所得的两个封闭多边形,按引理 1,前者即可平移到后者之内. 因此,可以平移 P_1,使 P_1'在 P_2'之内. 这时,按定理条件,P_1''将凸出于 P_2 之外. 那么,P_1''上

就有这样的点，过这点的 P_1 的支撑线不与 P_2 相交[①]. 沿 P_1 移动这点，且同时向右（或向左）旋转支撑线，即可得到 P_1，P_2 的两条共同支撑线 a_1，a_2（图 135）. 因P_1'在 P_2 内部，a_1，a_2 在属于 P_1''的顶点 B_1，C_1 同 P_1 相接. 同时，a_1，a_2 在属于 P_2''的顶点 B_2，C_2 同 P_2 相接[②]. 事实上，比如 B_2 不属于 P_2''，那么过这点的两条边均属于P_2'（因如只有一条边属于 P_2'，则 B_2 作为 P_2''的端点仍属于 P_2），那么 a_1 就是同 P_2'相接的支撑线，而 P_1'同 P_2'有对应同向边，与它们相接的支撑线可能对应平行或重合，但 P_1'在 P_2'之内，不会有同时与它们相接的支撑线.

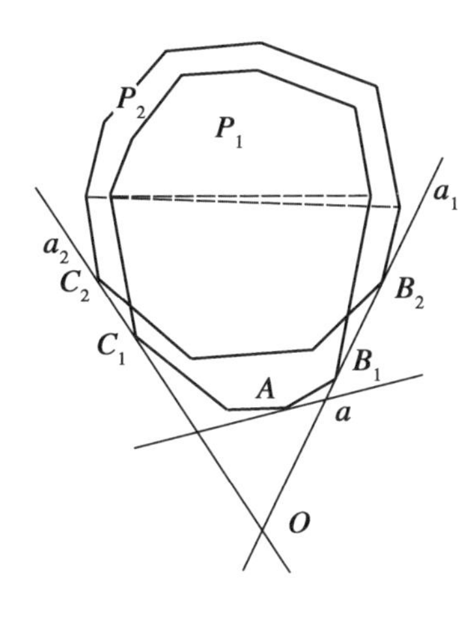

图 135

总之，分别作为 P_1''和 P_2''的一部分的折线 B_1C_1 和

① 由于 P_1 凸出于 P_2 之外，那么可求一条 P_2 的支撑线 b 同 P_1 相交. 再引 P_1 的支撑线 $a /\!/ b$，a 与 P_2 在 b 的异侧，a 即为所求.

② 这些支撑线有可能通过一条边，这时，就取离 A 近的顶点.

B_2C_2,其端点所在支撑线 a_1 和 a_2 构成了以 O 为顶点的角,且折线均以凸向朝 O(这是因为 P_1''和 P_2''外法线夹角和小于 π,那么支撑线 a 由 a_1 位置转到 a_2 位置,转过的角总小于 π).

又折线 B_1C_1 到 O 比 B_2C_2 到 O 近(因过属于 B_1C_1 的点 A 的支撑线不同 P_2 相交,因此沿过 A 的射线前进,先与 B_1C_1 相遇). 那么由引理 2 知,B_1C_1 有小于 B_2C_2 的对应边,也即 P_1''有小于 P_2''的对应边. 这与我们证明过程中的假设矛盾.

这样,变号次数应大于 2,但变号应为偶数次,因此,至少是 4 次.

§29 “平均”多面体的结构

在第 4 章我们定义了平面图形和立体的混合运算,但只着重研究了平面图形线性组合的性质. 为了证明闵-亚定理,我们需要深入研究立体的混合. 为简单起见,只考虑 $s=s_1=\frac{1}{2}$这种特殊情形(但结果对 $s+s_1=1$,$s,s_1>0$ 的一般情形也是成立的).

设有两个平面或立体图形 H_1,H_2. 那么 $H_{\frac{1}{2}}=\frac{1}{2}(H_1+H_2)$是联结 H_1 与 H_2 的线段中点的集合,称为“平均”图形. 由第 4 章的讨论知:

1)如果 H_1 和 H_2 是凸体,那么 $H_{\frac{1}{2}}$也是凸体;

2)如果 $H_1=Q_1,H_2=Q_2$ 是平行平面,那么 $H_{\frac{1}{2}}=Q_{\frac{1}{2}}$是位于 Q_1,Q_2 中间的平行平面;

3)如果 H_1 或 H_2 发生平移,$H_{\frac{1}{2}}$亦然.

定理1 设 Q_1 和 Q_2 分别是 H_1 和 H_2 的支撑面,如果 Q_1 与 Q_2 同向,那么 $Q_{\frac{1}{2}}=\frac{1}{2}(Q_1+Q_2)$ 是 $H_{\frac{1}{2}}$ 与 Q_1,Q_2 同向的支撑面.

换句话说,两个立体同向支撑面的平均平面,是平均立体的同向支撑面.我们证明如下:

立体 H_1 和 H_2 位于平面 Q_1 和 Q_2 的一侧(图136).取分别属于 H_1 和 H_2 的一对点 P_1 和 P_2.线段 P_1P_2 中点也总在 $Q_{\frac{1}{2}}$的一侧.因此,由中点构成的整个立体 $H_{\frac{1}{2}}$也在 $Q_{\frac{1}{2}}$的一侧.

如果 q_1 和 q_2 分别为支撑点,则 q_1 为 H_1 和 Q_1 的公共点,q_2 为 H_2 和 Q_2 的公共点,因此,q_1q_2 的中点 $q_{\frac{1}{2}}$ 为 $H_{\frac{1}{2}}$和 $Q_{\frac{1}{2}}$的公共点.因此,$Q_{\frac{1}{2}}$为 $H_{\frac{1}{2}}$的支撑平面.再由前面性质2),$Q_{\frac{1}{2}}/\!/Q_1/\!/Q_2$,加之前一段证明的同侧性,知 $Q_{\frac{1}{2}}$与 Q_1,Q_2 同向.

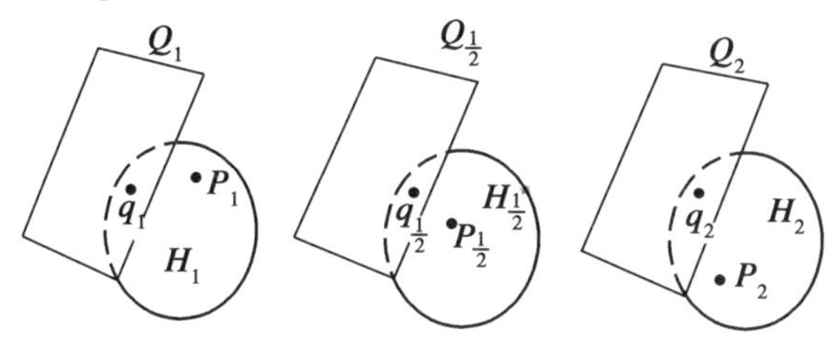

图136

定理2 如果 P_1,P_2 是分别在两个平行平面上的凸多边形,则 $P_{\frac{1}{2}}=\frac{1}{2}(P_1+P_2)$是平均平面上的凸多边形.

由§20 的定理 1 和上述性质 2)知，$P_{\frac{1}{2}}$是平均平面上的凸图形. 再由§20 的定理 2 知，如 q_1 和 q_2 分别是 P_1 和 P_2 边界上的点，那么 $q_{\frac{1}{2}}=\frac{1}{2}(q_1+q_2)$必为 $P_{\frac{1}{2}}$的边界点，因为 P_1 和 P_2 的边界由折线围成，因此，$P_{\frac{1}{2}}$的边界也由折线围成. 所以 $P_{\frac{1}{2}}$为凸多边形.

补充说明 直线段和点可以看做退化的凸多边形. 因此，可能出现如下情形：

1)P_1 和 P_2 是通常的多边形，那么 $P_{\frac{1}{2}}$也是通常的多边形；

2)P_1 为多边形，P_2 为一点(或相反)，那么 $P_{\frac{1}{2}}$仍是凸多边形，且同 P_1(或 P_2)位似，位似系数是$\frac{1}{2}$；

3)P_1 为多边形，P_2 为线段(或相反)，那么 $P_{\frac{1}{2}}$仍是凸多边形；

4)P_1 和 P_2 为直线段，如果它们平行，那么由图 137 可看出，$P_{\frac{1}{2}}$是平行于它们且长度等于它们和的一半的线段(即以 P_1 和 P_2 为底的梯形或平行四边形的中位线，见§20 的例 4).

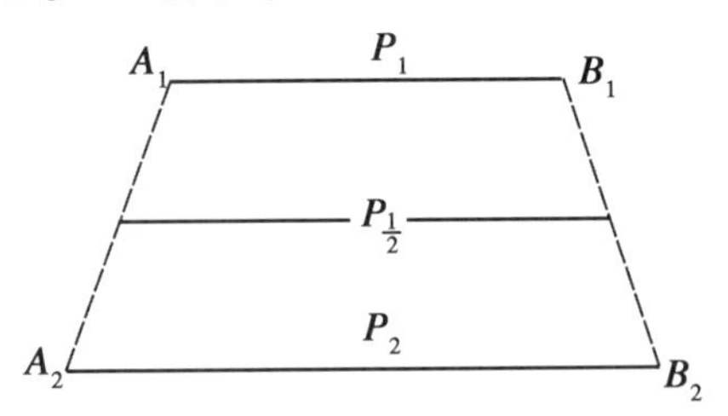

图 137

如果 P_1 和 P_2 是两条不平行的线段(即它们所在的直线异面)，则 $P_{\frac{1}{2}}$为平行四边形，其一组对边平行

且等于$\frac{1}{2}P_1$,另一组对边平行且等于$\frac{1}{2}P_2$.

事实上,设 P_1 和 P_2 分别为 A_1B_1 和 A_2B_2. 为了将 P_1 和 P_2 混合,将 A_1 同 A_2B_2 上所有点联结,它们的中点构成$\triangle A_1A_2B_2$ 的中位线 AC,类似得相应三角形的中位线 CB,BD,DA,构成$\square ABCD$,其边正符合上述结论,这是由中位线的性质决定的.

取 P_1 上任一点 M,把它同 P_2 上所有点联结,其中点即构成$\triangle MA_2B_2$ 的中位线 LN,因为 L 是 MA_2 的中点,因此,L 在$\triangle A_2A_1B_1$ 中位线 AD 上. 同样理由知 N 在 CB 上. 当 M 由 A_1 走过 P_1 所有点移到 B_1 时,LN 将描过整个$\square ACBD$(图 138),因此,$P_{\frac{1}{2}}$就是这平行四边形.

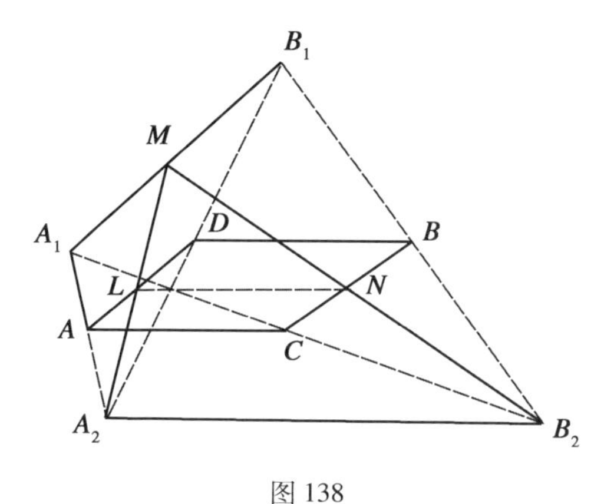

图 138

定理3　如果 H_1 和 H_2 为凸多面体,那么 $H_{\frac{1}{2}}$也是凸多面体,且由如下方法得到 $H_{\frac{1}{2}}$的面:

1)H_1 与 H_2 的面的混合;

2)由一个多面体的面同另一个多面体的棱和顶

的混合；

3）由两个多面体的不平行棱的混合.

但应注意：这里相混合的是其所在支撑面具有平行外法线的面、棱、顶.

由如下方法得到 $H_{\frac{1}{2}}$ 的棱：

1）由一对平行棱的混合；

2）由棱和位于同向支撑面的顶点的混合.

定理证明如下：

作 $H_{\frac{1}{2}}$ 的支撑面 $Q_{\frac{1}{2}}$，由定理1，$Q_{\frac{1}{2}}$ 在 H_1 与 H_2 的同向支撑面 Q_1 与 Q_2 中间. 如果 Q_1 上有多面体 H_1 的面、棱或顶 P_1，Q_2 上有 H_2 的面、棱或顶 P_2，那么 $P_{\frac{1}{2}}=\frac{1}{2}(P_1+P_2)$ 将是 $H_{\frac{1}{2}}$ 在 $Q_{\frac{1}{2}}$ 上的面、棱或顶. 面同面、棱或顶混合均得到面，棱同不平行的棱混合也得到面；棱同平行棱或顶混合得到棱，顶同顶混合给出一个点. 总之，$H_{\frac{1}{2}}$ 将由平面图形围成. 事实上，我们可以证明 $H_{\frac{1}{2}}$ 没有曲面作表面.

设 $q_{\frac{1}{2}}$ 为 $H_{\frac{1}{2}}$ 边界上任一点，那么可表示为 $q_{\frac{1}{2}}=\frac{1}{2}(q_1+q_2)$，$q_1$ 和 q_2 分别为 H_1 和 H_2 边界上的点. 如 q_1 和 q_2 是顶点，那么 $q_{\frac{1}{2}}$ 也是顶点，因 H_1 与 H_2 顶点个数有限，所以 $q_{\frac{1}{2}}$ 个数有限. 如果 q_1 和 q_2 分别在 H_1 和 H_2 的平行棱中，或一个在棱中，一个是顶点，那么 $q_{\frac{1}{2}}$ 在 $H_{\frac{1}{2}}$ 的棱中间. 这种棱的条数是有限的（因平行棱组数和顶与棱的组数都是有限的）. 最后，如果 q_1 或 q_2 在 H_1，H_2 面内，或分别在两条不平行的棱上，那么 $q_{\frac{1}{2}}$ 在面上，这种面的个数也是有限的.

这样，$H_{\frac{1}{2}}$ 边界上的点或属于面、棱，或是顶点（面、

棱、顶点数是有限的)，故 $H_{\frac{1}{2}}$是多面体.

§30　闵-亚定理的证明

现在来证明§27中建立的闵-亚定理. 仅需证明其中的定理3.

设凸多面体 H_1 与 H_2 同向面一一对应且对应面互不能平移在内. 我们来证明 H_1 与 H_2 同位全等. 为此，构造多面体

$$H_{\frac{1}{2}}=\frac{1}{2}(H_1+H_2)$$

如果把顶点看做"点棱"，那么 $H_{\frac{1}{2}}$的棱 $L_{\frac{1}{2}}$均由 H_1 和 H_2 具有同向支撑面的棱 L_1 和 L_2 混合而成，我们就让这样的棱互相对应.

如果 L_1 比 L_2 长，就给 $L_{\frac{1}{2}}$标正号，L_1 比 L_2 短，$L_{\frac{1}{2}}$标负号，相等，$L_{\frac{1}{2}}$就不标号. 我们证明，如果 $H_{\frac{1}{2}}$至少有一条棱标了号，那么当环绕相应的面时，变号不少于4次.

事实上，$H_{\frac{1}{2}}$的面可能有两类，第一类是同向面混合成的，第二类是具有同向支撑面但不平行的棱混合成的(至于由面与顶点、面与棱混合而得到面的可能，由于面的一一对应而被排除).

因按定理条件，H_1 和 H_2 对应面互不能平移在内，那么对应面同位全等或对任何平移叠合，每个总有一部分凸出到另一个之外. 对前一种情形，H_1 与 H_2 的这种对应面上的棱相等，$H_{\frac{1}{2}}$对应于这种面上的棱均未标号. 对后一种情形，按§28定理1，当环绕 $H_{\frac{1}{2}}$的相应面

时,有不少于 4 次变号.

$H_{\frac{1}{2}}$的每个第二类面 $P_{\frac{1}{2}}$,作为不平行棱 L_1 与 L_2 混合的结果,都是平行四边形. 由 §29 的有关叙述可知,当 L_1 同 L_2 的两端点混合时,得到的是平行四边形 $P_{\frac{1}{2}}$ 的平行于 L_1 的一组对边,这是 L_1 同"点棱"混合,L_1 自然比较长,$P_{\frac{1}{2}}$的这组对边标了"+"号,同样,$P_{\frac{1}{2}}$的平行于 L_2 的一组对边上应标"-"号,因此,当环绕任一个第二类面时,恰有 4 次变号.

现在有两种可能:

1)H_1 与 H_2 所有面同位全等,$H_{\frac{1}{2}}$上没有标号的棱(这时任一组对应棱属于对应面,因此对应平行且相等,所以 $H_{\frac{1}{2}}$没有第二类面),这时 H_1 与 H_2 同位全等;

2)并非 H_1 与 H_2 所有对应面都同位全等,那么 $H_{\frac{1}{2}}$上有标号的棱,且当环绕相应面时,变号不少于 4 次. 我们证明,这是不可能的.

为此,在 $H_{\frac{1}{2}}$每个面内部任取一点,并穿过相邻面的棱联结这些点(图 139),我们得到一个网络:节点对应多面体的面,网线对应于棱. 从一个节点引出的网线,对应于节点所在面上的棱,棱上标号相当于线上标同样的符号,环绕一个面相当于环绕节点. 当环绕具有标号线的节点时,将不少于 4 次变号,于是得到了与证明柯西定理时使用的同样的图形,且这里没有二边域(区域对应于顶点,顶点上的多面角至少有三个面,因此,每个区域至少由三条线围成),因此,符合那里的条件.

我们只需重复使用证明柯西定理时的推理(见第 3 章 §15),那么就会看到,实际上,在多面体 $H_{\frac{1}{2}}$ 上标

号是不可能的.

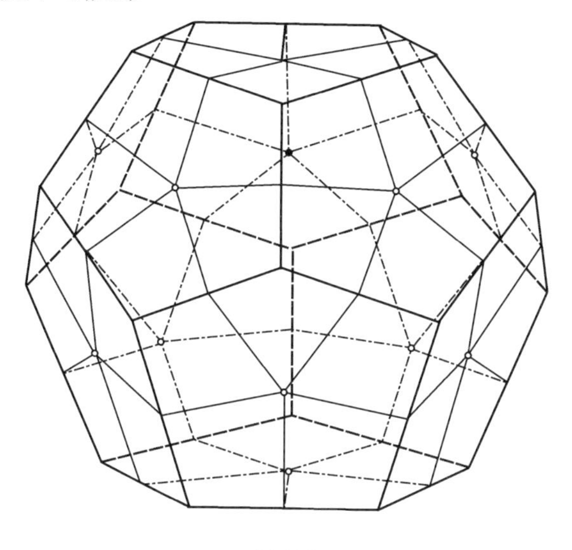

图 139

至此,闵 - 亚定理证毕.

最后,应当指出,我们在第 3 章和本章考虑的仍只是凸多面体同边界有关的结构性质,至于同图形分割与重组有关的结构性质,可参看布尔强斯基的书《图形的大小相等和组成相等》①.

习　题

1. 试证:如果两个凸多边形的对应边同向且相等,

① В Г БОЛТЯНСКИЙ. Равновеликие и Равдосос тавлеиые фитуры[М]. 刘韵浩,译,商务印书馆,1959.

则它们同位全等.

2. 已知多面体 H_1 与 H_2 的面对应同向,试证:

1)若 H_1 是直棱柱,那么 H_2 也是直棱柱;

2)如同向面对应相等,那么同向面也对应全等.

3. 应用亚氏定理证明:如果两个凸多面体的面一一对应,对应面同向且周长相等,那么它们同位全等.

4. 试证:凸多边形邻边外法线夹角和等于 2π.

5. 设异面直线 l_1 与 l_2 所成的角为 α,线段 $P_1 \in l_1$,$P_2 \in l_2$,其长分别为 a,b,求 $P_s = sP_1 + (1-s)P_2 (0 < s < 1)$ 的面积.

补　充

第6章

§31　图形概念的精确定义

现在来精确定义前几章遇到的一些概念.

极限点　考虑点的集合(简称点集),如圆、圆周、整数格点等,都是点集.

设 ε 是某一正实数,直线上(平面上或空间中)的点 A 的 ε-邻域是直线上(平面上或空间中)到 A 的距离小于 ε 的点的集合. 在直线上,这是以 A 为中心,长为 2ε 的线段内部(在平面上是以 A 为中心,ε 为半径的圆内部;在空间中是一个球内部).

点 A 叫作点集 M 的极限点,如果在点 A 的任何 ε-邻域中都含有集合 M 的异于 A 的点. 例如,点 1 就是直线上点集 $L=\{x \mid x=1-\frac{1}{n}, n \in \mathbf{N}\}$ 的极限点. 圆周上任一点都是圆周点集的极限点,也是圆内点集的极限点. 注意:点集的极限点不必是点集的元素.

直线上(平面上或空间中)的点集称为有界的,如果它能放在某一线段(圆、球)之内,有界集合可以是无限集,如上面的点集 L,我们有如下定理.

波尔查诺 - 魏尔斯特拉斯定理 无穷有界点集(直线上、平面上或空间中的)必有极限点.

闭集 如果一个集合含有自己所有的极限点,就称为闭集. 如包括圆周在内的圆面是闭集,但圆内点的集合就不是闭集(开集). 我们常说的“闭区间”是闭集,开区间和半开区间则是开集.

如果一个闭集不能分成两个无公共点的闭集,就叫作连续统. 而图形一词,常常用来指连续统. 如线段(包括端点)是连续统. 两条不相交的线段是闭集,但不是连续统. 这时,我们把它看做两个图形.

凸集与凸图形 若线段的端点属于点集 M,则线段整个包含在 M 中,那么 M 称为凸集. 联结集合中两点的线段,也叫作它的弦,那么凸集就是包含所有自己的弦的点集.

我们称闭凸集为凸图形. 显然,凸图形为连续统.

如果点集 M 内点 A 的某 ε - 邻域整个包含于 M,点 A 就称为 M 的内点. 那么,第 1 章 §1 定理 3 推论 1 的意思是说:凸图形所有内点的集合仍是凸的.

***n* 维空间** 在许多数学问题和实际问题中,都自然地提出了 n 维欧几里德空间的概念. 这种空间的点 x 是 n 个实数的有序组 $(x_1,x_2,\cdots,x_n)$,其中 x_i 称为 x 的第 i 个坐标,常记为 $x(x_1,x_2,\cdots,x_n)$. 点 $x(x_1,\cdots,x_n)$ 和 $y(y_1,\cdots,y_n)$ 之间的距离定义为

$$\rho(x,y)=\sqrt{(x_1-y_1)^2+\cdots+(x_n-y_n)^2}$$

而联结两点 $x(x_1,\cdots,x_n)$ 和 $y(y_1,\cdots,y_n)$ 的线段是指

形如

$$(sx_1+s_1y_1,sx_2+s_1y_2,\cdots,sx_n+s_1y_n)$$

$(0\leqslant s\leqslant 1,s+s_1=1)$的点的集合.

n维空间中的ε-邻域、闭集、凸集等概念的定义,和在一、二、三维空间中类似.已证过的很多定理可直接推广到n维空间的情形.但在另一些问题上过渡到n维空间却很困难,这是由于建立n维空间平行理论时产生的.

连续变换 在给定集合M和M_1的点之间建立单值对应:对每个点$a\in M$只有唯一的点$b\in M_1$和它对应,b叫作a的象,a叫作b的原象,这种对应也叫作M到M_1的映射.如果在映射中,每个$b\in M_1$在M中有且只有一个原象,就称之为相互单值的映射或一一对应.关于某点的对称变换是相互单值的映射,点集M在轴L上的射影是映射.

集合M到M_1的映射$b=\varphi(a)$称为连续的,如果M中以a_0为极限点的点列$a_1,a_2,\cdots,a_n,\cdots$在$M_1$中的象点列$b_1,b_2,\cdots,b_n,\cdots(b_n=\varphi(a_n))$有极限点$b_0=\varphi(a_n)\in M_1$.

M和M_1间的拓扑对应或M到M_1的拓扑映射是指相互单值的连续映射.如平移、对称变换、等周变形,以及在§32中建立的中心射影等,都是拓扑对应.研究集合在拓扑映射下不变性质的拓扑学,是几何学的重要分支.关于任意凸曲面(与球面之间可以建立拓扑对应的)上网络的欧拉定理,就是拓扑学定理的一个范例.

凸集概念的推广 凸集概念也常在更广泛的意义下使用.例如,设定义在区间$[0,1]$上的连续函数$y(x)$的集合为C.对$y_0(x),y_1(x)\in C$,把函数组

$$y_s(x)=sy_0(x)+s_1y_1(x)\quad (s+s_1=1,s,s_1\geqslant 0)$$

称为联结 $y_0(x)$ 和 $y_1(x)$ 的线段. 一个函数集,如果含有任意两个函数,就包含联结它们的整条“线段”,那么就是 C 中的凸集. 如[0,1]上多项式的集合,满足不等式 $|y(x)|\leqslant 1$ 的函数的集合等,都是凸集.

在一般集合上推广通常凸集的性质,对数学分析有巨大意义.

§32 关于正多面体

正规网络 如果网络所有区域由同样多条网线围成,且每个节点汇集同样多条网线,那么网络就叫作正规的.

正规网络有如下几种:

1)正多面体的面、棱和顶点构成的网络(共有五种);

2)由 n 边形的边、顶点和内部外部构成的网络,两个区域均由 n 条网线围成,每个节点有两条网线,因此是正规网络;

3)由两个节点和联结它们的 n 条线构成的网络,每个节点有 n 条网线,n 个区域每个都由两条网线围成,所以是正规网络.

我们证明,除上面列举的以外,再没有其他正规网络.

以 p 表示每个节点汇集的网线数,q 表示围成每个区域的网线数;l,m,n 分别表示网络的网线、节点、区域数. 那么

$$l=\frac{1}{2}mp=\frac{1}{2}nq$$

(因 m 个节点共汇集 mp 条线,而每条线联结两个节点,因而计算了两次;又 n 个区域共有 nq 条线,每条线属于两个区域,计算了两次)因此

$$m=\frac{2l}{p},n=\frac{2l}{q} \tag{1}$$

代入欧拉公式 $m+n-l=2$,得

$$\frac{2}{p}+\frac{2}{q}-1=\frac{2}{l} \tag{2}$$

当 $q=2$ 时,就得上述第3种网络,对 $p=2$ 时,就得上述第2种网络. 下面讨论 $p\geqslant3,q\geqslant3$ 的情形.

首先,我们看出 $p\leqslant5$. 因若 $p\geqslant6$ 加之 $q\geqslant3$,就有

$$\frac{2}{p}+\frac{2}{q}-1\leqslant\frac{1}{3}+\frac{2}{3}-1=0$$

与等式(2)矛盾. 类似可证 $q\leqslant5$.

当 $p=4$ 和 $p=5$ 时,必有 $q=3$.(因为当 $p\geqslant4$ 且 $q=4$ 时,我们有 $\frac{2}{p}+\frac{2}{q}-1\leqslant\frac{1}{2}+\frac{1}{2}-1=0$,与等式(2)矛盾)

类似可知,当 $q=4$ 和 $q=5$ 时,$p=3$.

总之,有五种情形:

1)$p=5,q=3$,由式(2)推出

$$\frac{2}{l}=\frac{2}{5}+\frac{2}{3}-1=\frac{1}{15},l=30$$

$$m=\frac{2l}{p}=\frac{60}{5}=12,n=\frac{2l}{q}=\frac{60}{3}=20$$

这恰是正二十面体的情形;

2)$q=5,p=3$,类似得 $l=30,m=20,n=12$. 这是正十二面体的情形;

3)$p=4,q=3$,可得

$$\frac{2}{l}=\frac{2}{4}+\frac{2}{3}-1=\frac{1}{6}, l=12$$

$$m=\frac{2l}{p}=\frac{24}{4}=6, n=\frac{2l}{q}=\frac{24}{3}=8$$

这是正八面体的情形；

4）$q=4, p=3$. 类似得 $l=12, m=8, n=6$. 这是立方体的情形；

5）$p=3, q=3$. 由式（2）有

$$\frac{2}{l}=\frac{2}{3}+\frac{2}{3}-1=\frac{1}{3}, l=6$$

$$m=n=\frac{2\times 6}{3}=4$$

这是正四面体的情形.

其他正规网络是不存在的.

正星形多边形和多面体 除了正的凸多边形以外，还有正星形多边形. 如通常的五角星即为正星形五边形（图 140），由两个正三角形组成的正星形六边形（图 141），两种类型的正星形七边形（图 142,143），由连接折线构成的星形八边形（图 144）和两个正方形拼成的星形八边形（图 145）等.

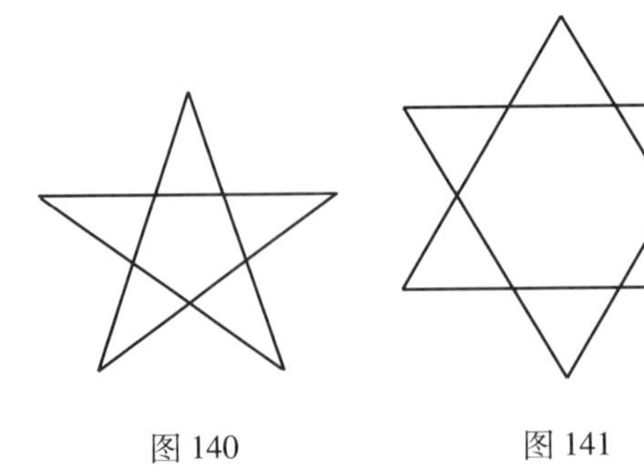

图 140　　图 141

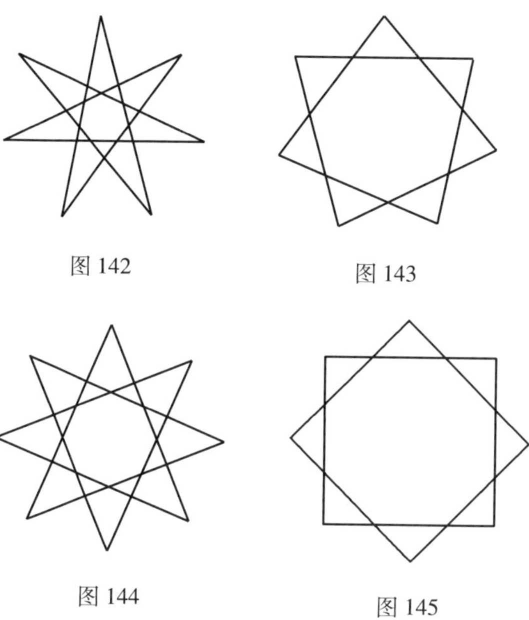

图 142　　图 143

图 144　　图 145

除了正的凸多面角以外，还有正星形多面角. 图 146 画的就是正星形五面角. 如果由正星形五边形 $A_1A_2A_3A_4A_5$ 的中心 O 引垂线 OB，那么五个相等的角 $\angle A_1BA_2$，$\angle A_2BA_3$，$\angle A_3BA_4$，$\angle A_4BA_5$，$\angle A_5BA_1$ 构成正星形五面角.

五种正的凸多面体也叫作柏拉图(Platon)立体，早已为人们所熟悉. 在 17 世纪，开普勒(1571—1630)首先发现了两种星形正多面体，1810 年布安索(1777—1859)又发现了两个，四个这样的多面体被后人称之为布安索多面体：

1)小星形正十二面体(图 147). 它有 12 个面，都是星形五边形，有 30 条棱和 12 个顶点，都是正的凸五面角的顶点；

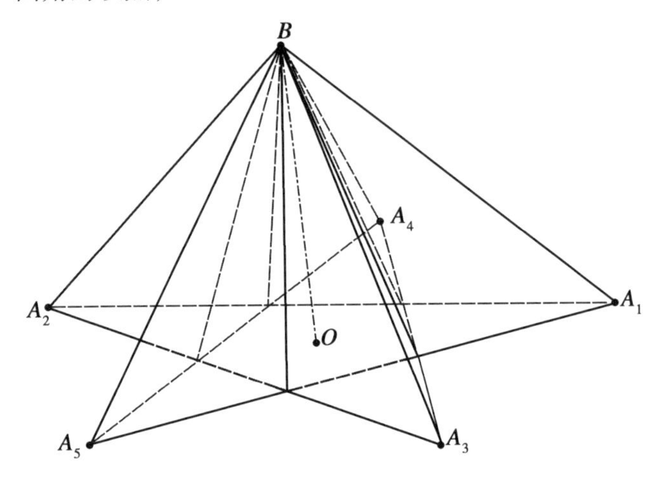

图 146

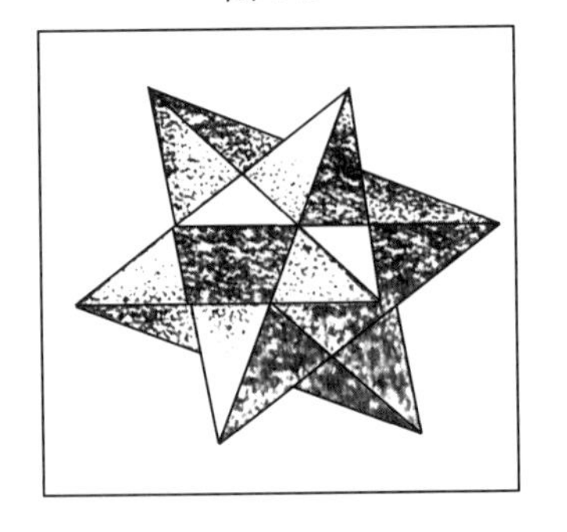

图 147

2）大星形正十二面体（图 148）. 有 12 个正星形五边形面，30 条棱和 20 个顶点，都是正三面角的顶点；

3）大正十二面体（图 149）. 有 12 个正五边形面，30 条棱，12 个顶点，都是星形正五面角的顶点；

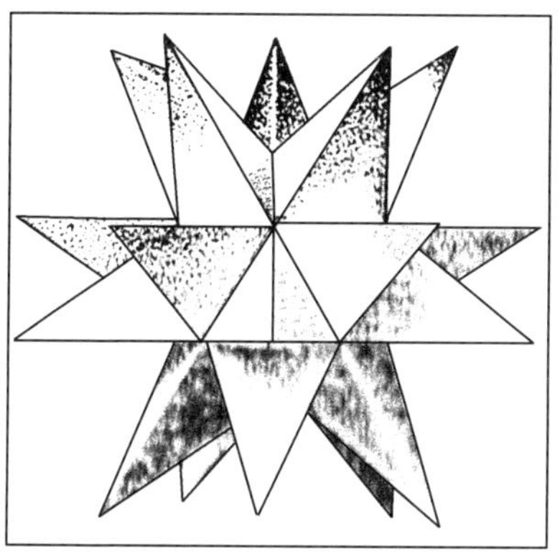

图 148

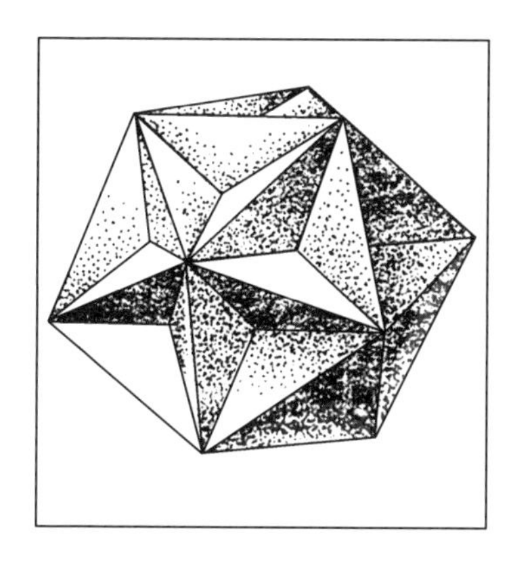

图 149

4)大正二十面体(图 150). 有 20 个正三角形面,30 条棱和 12 个顶点,均为星形正五面角的顶点.

柯西在 1812 年终于证明了,正多面体只可能有 10 种:5 种柏拉图立体,4 种布安索多面体以及 1 个由 2 个正四面体套成的星形八面体(图 151).

图 150

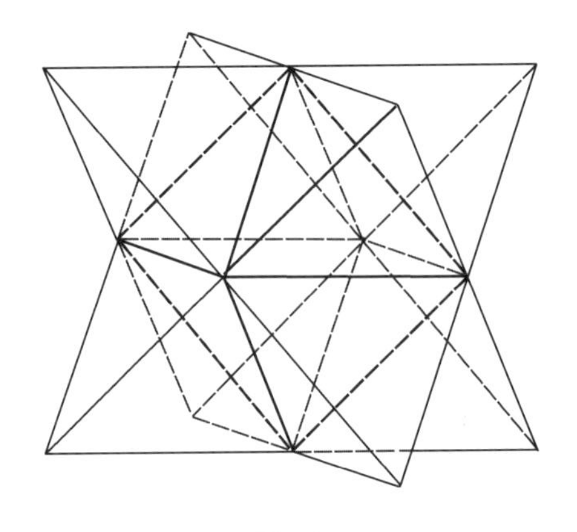

图 151

n 维空间中的正多面体 斯金格黑姆(Стингхем)在 1880 年研究了 n 维空间中凸正多面体问题. 以 d_0 表示顶点数, d_1 表示棱数, d_2 表示二维面数, d_3 表示三维面数等. 在四维空间中, 凸正多面体有 6 个:

1) 四维五面体: 类似正四面体, $d_0=5$, $d_1=d_2=10$, $d_3=5$(5 个正四面体作为它的三维面);

2)四维立方体:$d_0=16,d_1=32,d_2=24,d_3=8$(8个立方体作为它的三维面);

3)四维十六面体:类似正八面体,$d_0=8,d_1=24$. $d_2=32,d_3=16$(16个正四面体作为它的三维面);

4)四维24面体:$d_0=24,d_1=d_2=96,d_3=24$(有24个八面体作为它的三维面);

5)四维120面体:$d_0=600,d_1=1\ 200,d_2=720$, $d_3=120$(120个正20面体作为它的三维面);

6)四维600面体:$d_0=120,d_1=720,d_2=1\ 200$, $d_3=600$(600个正四面体作为它的三维面).

对每个$n\geqslant5$,在n维空间中,只有三种类型的凸正多面体:类似正四面体,类似正八面体和类似立方体.

说明 对任意四维凸多面体($n=4$)(特别对所有正多面体),d_0,d_1,d_2,d_3满足关系

$$d_0-d_1+d_2-d_3=0$$

而对于$n=3$(按欧拉定理)有

$$d_0-d_1+d_2=2$$

对$n=2$,凸多面体退化为凸多边形,这时,顶点数d_0和边(棱数)d_1相等,即

$$d_0-d_1=0$$

对于$n=1$,凸多面体退化为直线段,对此

$$d_0=2$$

(两个顶点即线段两端点)一般的,对n维凸多面体,数d_k满足欧拉-庞加莱公式

$$\begin{aligned}\sum_{k=0}^{n-1}(-1)^k d_k &= d_0-d_1+d_2-\cdots+(-1)^{n-1}d_{n-1}\\ &=1+(-1)^{n-1}\end{aligned}$$

公式右边当 n 为偶数时等于 0,当 n 为奇数时等于 2.

半正多面体 所有面都是正多边形(不必都全等)且所有多面角全等的多面体,称为半正多面体. 最简单的例子是底为正 n 边形($n=3,4,5,\cdots$)侧面为正方形的正棱柱,以及所谓的正拟柱体,后者由两个正 n($n=3,4,5,\cdots$)边形底面和 $2n$ 个正三角形侧面构成(图 152). 阿基米德证明,除棱柱和拟柱这两系列半正多面体之外,就只有 13 种类型的半正多面体(称为阿基米德立体). 半正多面体的完整理论是开普勒在 *Harmonice Mundi* 一书的第二卷中建立的.

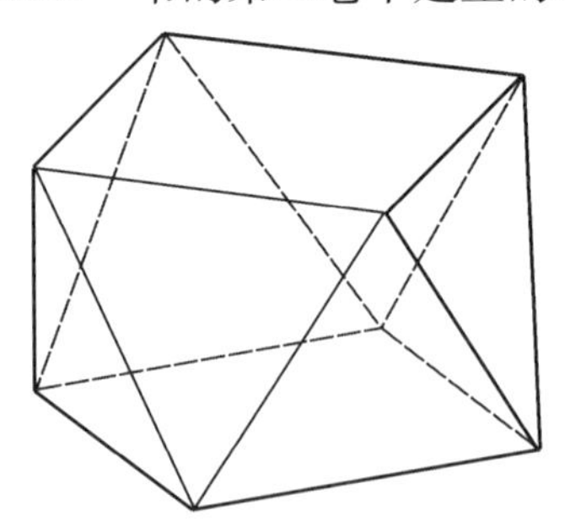

图 152

13 种半正多面体的名称及图形如下:

1)加顶立方体(图 153),它有 32 个正三角形面和 6 个正方形面;

图 153

2)立方八面本(图 154),有 8 个正三角形面,6 个正方形面;

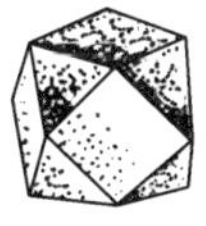

图154

3)截顶斜方八面体或斜方八面体(图155),由8个三角形面和18个正方形面构成;

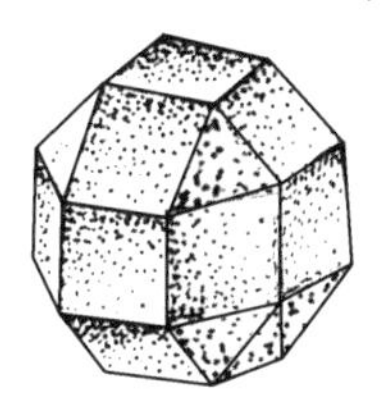

图155

4)加顶十二面体(图156),由80个正三角形面和12个正五边形面构成;

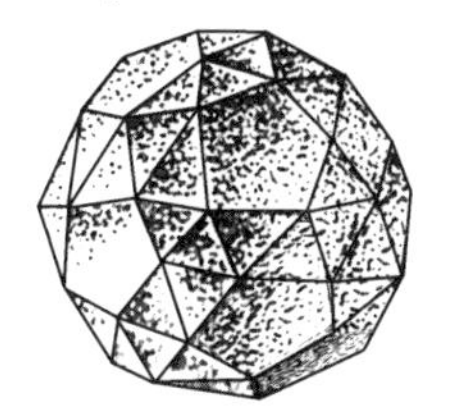

图156

5)双十十二面体(图157),由20个正三角形面和12个正五边形面构成;

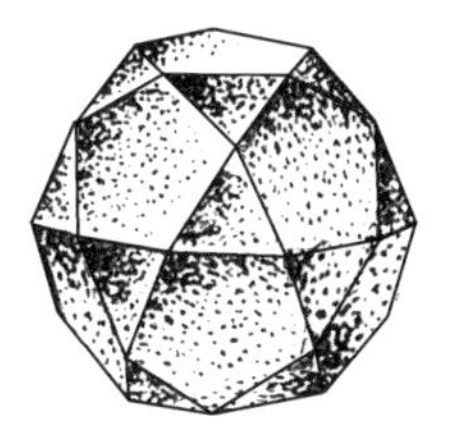

图157

6)截顶四面体(图 158),由 4 个三角形面和 4 个六边形面构成;

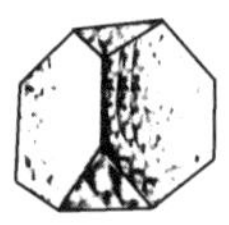

图 158

7)截顶立方体(图 159),由 8 个三角形面和 6 个八边形面构成;

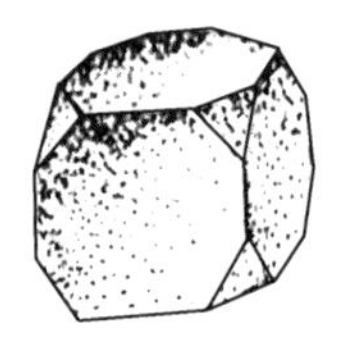

图 159

8)截顶二十面体(图 160),由 20 个三角形面和 12 个九边形面构成;

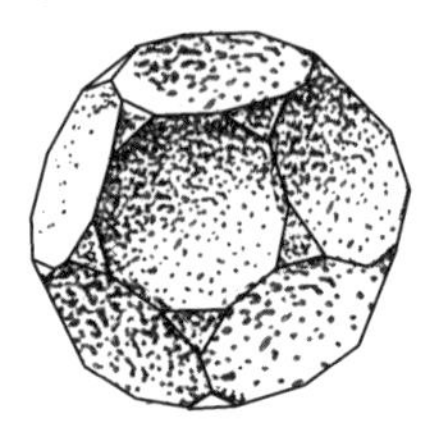

图 160

9)截顶八面体(图 161),由 6 个正方形面和 8 个六边形面构成;

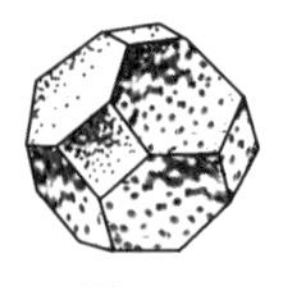

图 161

10)截顶十二面体(图162),由12个五边形面和20个六边形面构成;

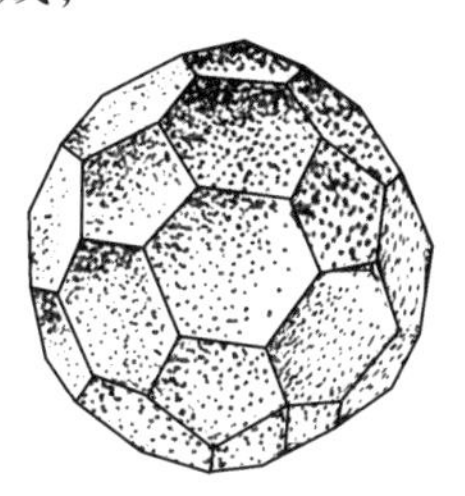

图162

11)斜方双六二十面体(图163),由20个三角形面,30个正方形面和12个正五边形面构成;

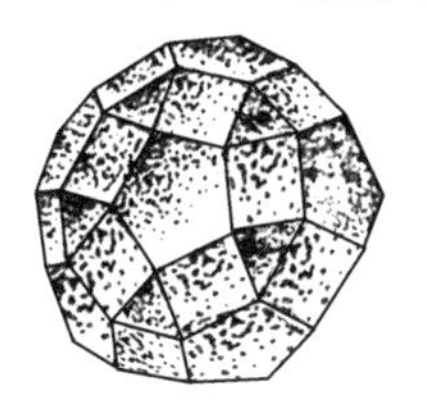

图163

12)截顶立方八面体(图164),由12个正方形面,8个六边形面和6个八边形面构成;

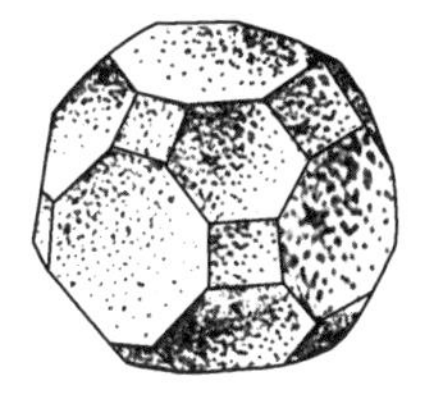

图164

13)截顶双十十二面体(图165),由30个正方形面,20个六边形面和12个十边形面构成.

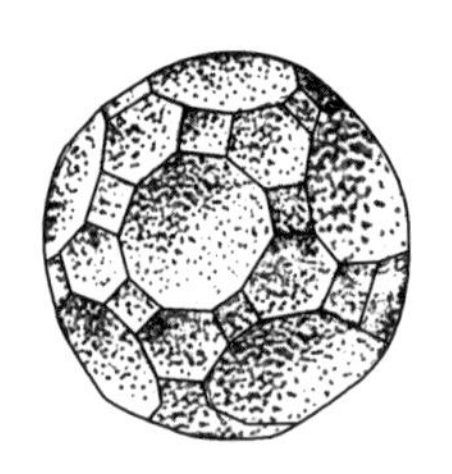

图 165

由名称可以看出大体的构造方法. 13 种阿基米德立体的详细描述可见 A · 尼哥尔斯基的文章(*Математика в школе*,1940 年第 5 期 5 ~ 11 页). 值得庆幸的是,不久前苏联数学家阿什金努斯(В. Г. Ашкинузе)指出了半正多面体理论中存在了 2 000 多年的缺陷,即原来认为,似乎还存在如图 166 所示的第 14 种阿基米德半正多面体,阿什金努斯指出,它同图 155 中的多面体的差别仅在于,由 5 个正方形和 4 个正三角形面构成的上部,摆的位置相差$\frac{\pi}{4}$角,即本质上没有差别.

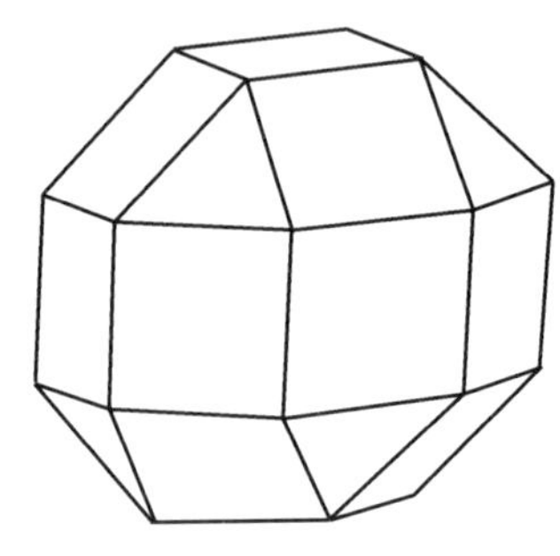

图 166

也有星形半正多面体,已发现了 51 个,但尚不能断定是否已穷尽了这类多面体.

§33 等周问题

在§26中,我们证明了周长一定的所有平面图形中,面积最大的是圆.这性质可由不等式 $l^2 \geqslant 4\pi s$ 看出(其中 l 和 s 分别表示凸图形 Q 的周长和面积,而等式当且仅当 Q 为圆时成立).现在我们证明,在周长一定的一切(也包括凹的)图形中,面积最大的是圆.即我们证明,凹图形的周长 l 和面积 s 必服从严格不等式

$$l^2 > 4\pi s \tag{1}$$

我们称包含点集 Q 的最小凸图形 Q_0 为 Q 的凸包.

设 Q 为任意图形,Q_0 为 Q 的凸包(图167).以 q 表示 Q 的边界.那么凸图形 Q_0 的边界 q_0 由 q 的点和端点属于 q 的直线段构成.

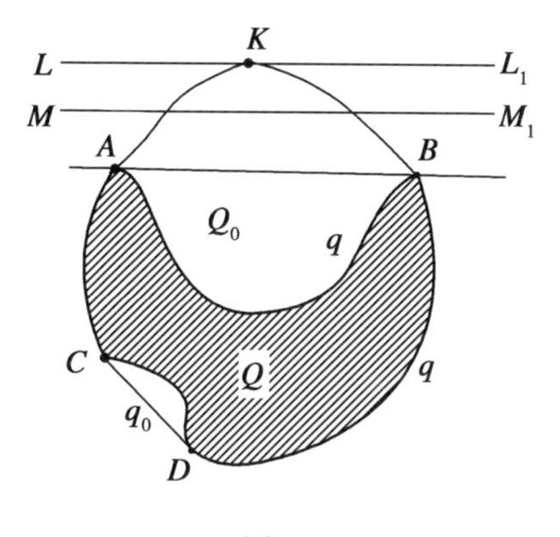

图167

事实上，q_0 由 q 的点和联结点 q 的弧$\overparen{AKB}$（除端点 A，B 之外的点均不属于 q_0）构成. 如果$\overparen{AKB}$不与直线段 AB 重合，由于 §1 定理 3 的推论 2，线段 AB（除端点外）均在 Q_0 之内. 又 Q_0 的平行于 AB 的两条支撑线之一的 LL_1 同$\overparen{AKB}$相接，但这弧除端点 A，B 外，整个在 Q 之外，那么 LL_1 同 Q 无公共点. 可以在 AB 与 LL_1 之间引直线 $MM_1 /\!/ LL_1$ 且同 Q 无公共点. 由 Q_0 中去掉夹在 MM_1 和 LL_1 间的部分，则得小于 Q_0 的凸图形 Q_1 也包含 Q，这与 Q_0 的最小性矛盾. 因此$\overparen{AKB}$同线段 AB 重合.

以 l_0 和 s_0 分别表示 Q_0 的周长和面积. 如 Q 为凹图形，那么 Q 严格小于自己的凸包 Q_0，即

$$s < s_0 \tag{2}$$

其次 $l > l_0$. 事实上，Q_0 的边界 q_0 上必有这样的线段 CD，其中$\overparen{CD}$是 q 的一部分，它同线段 CD 有共同端点但不重合，因此$\overparen{CD}$的长大于 CD 的长. 因而

$$l > l_0 \tag{3}$$

但 Q_0 是凸图形，则 $l_0^2 \geqslant 4\pi s$. 应用不等式(2)和(3)，即推出

$$l^2 > l_0^2 \geqslant 4\pi s_0 > 4\pi s$$

应当指出，类似定理在三维情形下也成立（等表面积问题）：表面积一定的所有立体中，体积最大的是球. 反之，体积一定的所有立体中，表面积最小的是球.

§34 任意连续统的弦

联结集合 Q 中两点的线段叫作集合 Q 的弦. 凸图形包含自己所有的弦. 不是凸图形的连续统,不具有这个性质,且很难说任意平面连续统的弦具有什么确定的性质. 但有如下定理.

列维定理 如果平面连续统有长为 a 的弦,那么也有长为$\frac{a}{n}(n=1,2,3,\cdots)$的平行弦. 如果 α 为不等于$\frac{1}{n}(n=1,2,3,\cdots)$的数,那么存在一个连续统,它有长为 a 的弦,但没有长为 $a\alpha$ 的平行弦.

这样,自然数的倒数在这里具有特殊的地位. 列维定理的如下证法,是浩甫(Хопфу)给出的.

设 S 为某一平面连续统. 考虑 S 的平行于某直线(选作 x 轴)的弦. 以 S_a 表示将 S 按平行于 x 轴且长为 a 的向量平移所得到的连续统. S 和 S_a 是否相交,同 S 是否有长为 a 且平行于 x 轴的弦有关.

事实上,设 S 有平行于 x 轴且长为 a 的弦 AB. 当将 S 平移为 S_a 时,S 的点 A 平移为 S_a 的点 A_a,但 $AB=AA_a=a$,A_a 和 B 在 A 同侧,故 $B=A_a$ 为 S 和 S_a 的交点(图168). 再设 S 没有平行于 x 轴且长为 a 的弦. S 的每一点 A 对应于 S_a 的点 A_1($AA_1 /\!/ x$ 轴且 $AA_1=a$). 如果某 A_1 是 S 和 S_a 的公共点,那么它作为 S_a 的点,在 S 中有对应点 A,$AA_1 /\!/ x$ 轴且 $AA_1=a$,这是不可能的,因此,S 与 S_a 不相交.

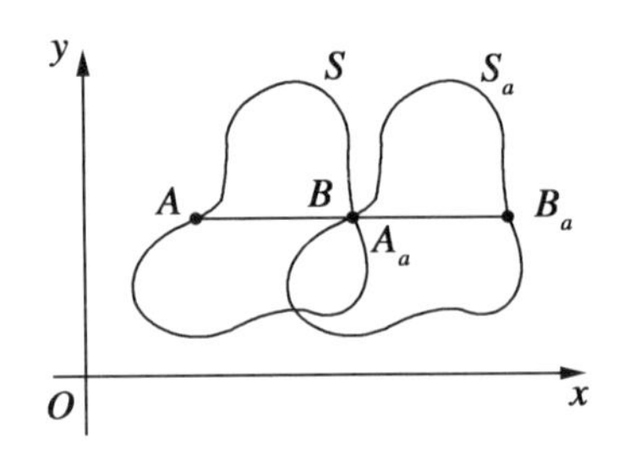

图 168

于是可推出如下引理.

引理 如果 S 没有平行于 x 轴且长为 a 及 b 的弦,那么 S 没有平行于 x 轴且长为 $a+b$ 的弦.

由前知,只需证明如果 S 同 S_a,S_b 均不相交,那么 S 同 S_{a+b}不相交.

我们指出,如把 S 和 S_a 同时按平行于 x 轴且长为 b 的向量平移,分别得到 S_b 和 S_{a+b},如 S 与 S_a 不相交,那么 S_b 与 S_{a+b}不相交(图 169).

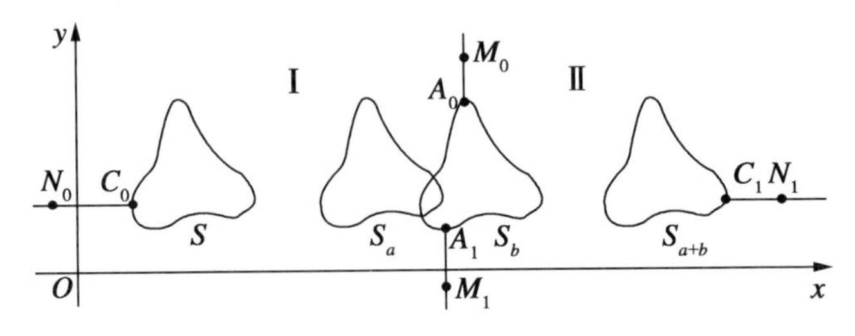

图 169

分别以 A_0 和 A_1 表示 S_b 中纵坐标最大和最小的点. 引平行于 y 轴的射线 A_0M_0(向 y 轴正向)和 A_1M_1(向 y 轴负向). 那么 A_0M_0 和 A_1M_1 均不与 S 和 S_{a+b}相交(因 S 和 S_{a+b}中点的纵坐标均小于 A_0M_0 上点的纵

坐标而大于 A_1M_1 上点的纵坐标). 这样, S_b, A_0M_0, A_1M_1 构成的无限图形 T 分平面为两部分Ⅰ和Ⅱ(T 本身算界限), Ⅰ中点的横坐标较小, Ⅱ中点的横坐标较大,我们证明 S 整个在Ⅰ中而 S_{a+b} 整个在Ⅱ中.

为此,设 C_0 是 S 中最左边的点, 因 S_b 是 S 向右移的结果,故 C_0 及由 C_0 向左引的平行于 x 轴的射线 C_0N_0 上点的横坐标均小于Ⅱ中点的横坐标,故 C_0N_0 连同 S 均在Ⅰ中. 类似证明 S_{a+b} 整个在Ⅱ中,因此 S 与 S_{a+b} 不相交. 引理得证.

假定 $b=a$,由引理得到:如连续统不含平行于 x 轴且长为 b 的弦,也不含长为 $2b$ 的弦,从而不含长为 $3b$ 的弦,……,不含长为 nb 的弦.

由此推出定理的第一部分:如果连续统不含平行于某一条直线且长为 $\frac{a}{n}$($n=2,3,\cdots$)的弦,那么也不含平行于同一条直线且长为 $n\cdot\frac{a}{n}=a$ 的弦,即如 S 含长为 a 的弦,那么也含长为 $\frac{a}{n}$($n=2,3,\cdots$)的平行弦.

现在证明,当 $\alpha\neq\frac{1}{n}$($n=1,2,3,\cdots$)时,可以构造包含长为1的弦但不包含长为 α 的弦的连续统(甚至是更特殊的连续统——折线).

1)若 $\alpha>1$,只需取长为1的线段,它包含长为1的弦,但不包含长为 α 的弦.

2)若 $0<\alpha<1$($\alpha=\frac{1}{2},\frac{1}{3},\cdots$),那么存在数 n,使 $\frac{1}{n}>\alpha>\frac{1}{n+1}$ 即 $n\alpha<1<(n+1)\alpha$. 由此

$$1 = n\alpha + \beta \quad (0 < \beta = 1 - n\alpha < \alpha)$$

下面以 r 表示 x 轴上横坐标为 r 的点,以$[r, r_1]$表示 x 轴上的线段 $r \leqslant x \leqslant r_1$. 设 $B_0 = 0, D = 1$(图 170 中,$n = 3$). 在线段 $B_0D = [0, 1]$上取点 $\alpha, 2\alpha, \cdots, n\alpha$,设 $h > 0$ 为足够小的数,使不等式

$$\alpha - 2nh > \beta > 0 \tag{1}$$

$$(n+1)h < \beta \tag{2}$$

同时成立. 由式(2)推出

$$n(\alpha - h) < n(\alpha + h) = n\alpha + nh < n\alpha + \beta = 1 \tag{3}$$

即所有点 $\alpha \pm h, 2(\alpha \pm h), \cdots, n(\alpha \pm h)$ 均在$[0, 1]$上. 其次,对 $i = 0, 1, 2, \cdots, n-1$,由于式(1)有

$$(i+1)(\alpha - h) - i(\alpha + h) = \alpha - (2i+1)h > \alpha - 2nh > 0 \tag{4}$$

图 170

此式说明点$(i+1)(\alpha - h)$均在点 $i(\alpha + h)$的右边,那么所有线段$[i(\alpha - h), i(\alpha + h)]$$(i = 1, 2, \cdots, n)$不相交. 以长为 $2ih$ 的线段$[i(\alpha - h), i(\alpha + h)]$为斜边作等腰直角三角形,其直角顶点 B_i 的坐标为$(i\alpha, ih)$$(i = 1, 2, \cdots, n$,图 171),可见,点 B_{i+1} 可以由点 $B_i$$(i = 0, 1, \cdots, n-1)$向右移动 α 再向上移动 h 而得到.

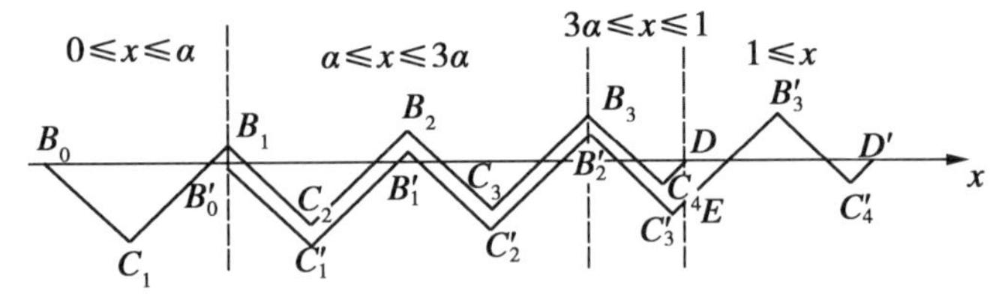

图 171

类似的,在线段$[(i-1)(\alpha+h),i(\alpha-h)](i=1,2,\cdots,n)$和$[n(\alpha+h),1]$上也作等腰直角三角形,直角顶点$C_i(i=1,\cdots,n)$有横坐标

$$\frac{(i-1)(\alpha+h)+i(\alpha-h)}{2}=-\frac{\alpha+h}{2}+i\alpha$$

和负的纵坐标,其绝对值等于相应线段的一半,即

$$-\frac{i(\alpha-h)-(i-1)(\alpha+h)}{2}=-\frac{\alpha-h}{2}+(i-1)h$$

(由于式(3)和(4),这表达式为负)由坐标的表达式可知,每个顶点C_{i+1}可由$C_i(i=1,2,\cdots,n-1)$向右移α再向上移h而得到. 最后,C_{n+1}有负纵坐标,其绝对值等于区间$[n(\alpha+h),1]$长的一半,即为

$$-\frac{1-n(\alpha+h)}{2}<-\frac{\beta}{2}$$

而横坐标为

$$\frac{1+n(\alpha+h)}{2}=\frac{n\alpha+\beta+n\alpha+nh}{2}=n\alpha+\frac{nh+\beta}{2}$$

以S表示折线$B_0C_1B_1C_2B_2\cdots B_nC_{n+1}D$,$S_\alpha$表示把$S$向右平移$\alpha$而得到的折线$B_0'C_1'B_1'C_2'\cdots B_n'C_{n+1}'D'$. 我们来证明$S$和$S_\alpha$不相交(而这也就是证明折线$S$有长为1的弦而没有长为$\alpha$的弦). 当图形向右移动$\alpha$时,点$C_1,C_2,\cdots,C_{n-1},B_0,B_1,\cdots,B_{n-1}$分别变为$C_1',C_2',\cdots,C_{n-1}',B_0',B_1',\cdots,B_{n-1}'$,这时,各点纵坐标均增加$\alpha$;且这些新顶点分别和$S$中的顶点$C_2,C_3,\cdots,C_n,B_1,B_2,\cdots,B_n$的横坐标相同,但纵坐标小于$h$;即将折线$S$位于区域$\alpha\leqslant x\leqslant n\alpha$中的部分$B_1C_2B_2\cdots B_n$向下平移$h$,就变成折线$S_\alpha$在同一区域中的部分$B_0'C_1'B_1'C_2'\cdots B_{n-1}'$. 可见,$S$和$S_\alpha$在这一部分没有公共点.

在区域$x<\alpha$中没有S_α的点,在区域$x>1$中没有

S 的点，当然不会有公共点. 剩下只要研究折线在区间 $n\alpha < x \leqslant 1$ 的部分. S 在这区域中的部分是折线 $B_nC_{n+1}D$，S_α 在这区域中的部分是折线 $B'_{n-1}C'_nE$（图 171），其边分别平行于折线 $B_nC_{n+1}D$ 的边. 但点 B'_{n-1} 同 B_n 有同样横坐标而纵坐标较小（由前一段证明可知）. 再看点 C'_n 和 C_{n+1}，C_n 的横坐标为 $-\frac{\alpha+h}{2}+n\alpha$，$C'_n$ 是 C_n 向右平移 α 而得到的，其横坐标为 $(n+1)\alpha-\frac{\alpha+h}{2}$；$C_{n+1}$ 的横坐标为

$$\frac{1+n(\alpha+h)}{2}=\frac{n\alpha+\beta+n\alpha+nh}{2}=n\alpha+\frac{nh+\beta}{2}$$

由于从式(1)得到的不等式 $\alpha-h>\beta+(2\alpha-1)h>\beta+nh$，知 C'_n 与 C_{n+1} 的横坐标之差

$$(n+1)\alpha-\frac{\alpha+h}{2}-n\alpha-\frac{nh+\beta}{2}=\frac{\alpha-h-(nh+\beta)}{2}>0$$

即 C'_n 在 C_{n+1} 正上方. 因此，折线 $B_nC_{n+1}D$ 与 $B'_{n-1}C'_nE$ 不相交. 总之，S 和 S_α 不相交.

列维定理是同研究一般几何对象度量性质的几何学有关的. 苏联数学家史尼列曼（Л. Щнирелъман，1905—1938）的工作与此有关，他证明了对任意封闭曲线 q，可以作正方形，使其顶点在 q 上.

§35 布利克菲尔德定理

考虑平面整数格点和某一个二维图形 Q. 图形盖住的格点数是与其位置有关的. 例如，若面积大于 4 的凸图形中心在格点上，那么由于闵可夫斯基定理，图形

必还盖住其他格点. 同时,也存在面积任意大的中心对称凸图形不覆盖任何格点(如图 172 上平行线 LL_1 和 MM_1 之间的长条). 与此有关的是有趣的布利克菲尔德定理.

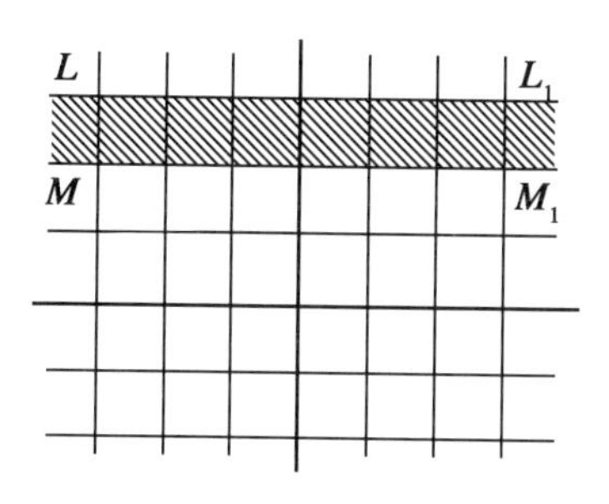

图 172

定理 1 如果二维图形 Q 的面积大于整数 n,可以(按长度小于 1 的向量)平移 Q,使它盖住 $n+1$ 个格点.

由此推出,如二维图形面积等于 n(即大于 $n-1$),则可平移 Q 使它至少覆盖 n 个格点(因 $(n-1)+1=n$).

过整数格点且把平面分为单位正方形的直线,分图形所成的部分 $A_1,A_2,\cdots,A_k$ 分别属于不同的单位正方形 $R_1,R_2,\cdots,R_k$(图 173 中 $n=2,k=4$).

不妨选定 R_1,把正方形 $R_2,R_3,\cdots,R_k$ 均平移到 R_1 上(显然,均是按整数向量,即两个分量均为整数的向量平移的). 对此,图形 Q 的部分 $A_1,A_2,\cdots,A_k$ 变成 R_1 中对应相等的部分 $B_1,B_2,\cdots,B_k$. 如果其中有 $l(\leqslant k)$ 个盖住点 a,就说 a 被覆盖 l 次. 对此,有如下引理.

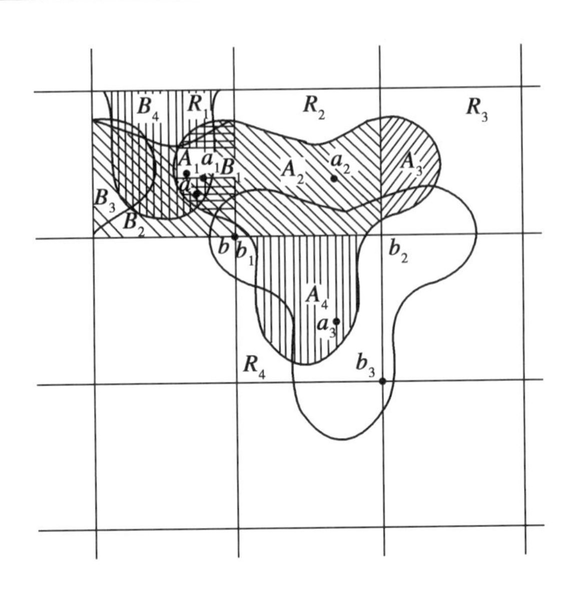

图 173

引理 在正方形 R_1 中至少存在一点，被部分 B_1，B_2，$\cdots$，B_k 覆盖不少于 $(n+1)$ 次.

事实上，如果单位正方形 R_1 中每点均被这些部分覆盖不超过 n 次，那么这些部分的总的面积不超过 R_1 面积的 n 倍. 那么 Q 的所有部分 A_1，A_2，$\cdots$，A_k（它们的面积分别与 B_1，B_2，$\cdots$，B_k 面积相等）的面积之和不超过 n，与假设（即 Q 面积大于整数 n）矛盾，引理证毕.

总之，在 R_1 内存在至少被 $n+1$ 个 B_i 覆盖的点 a，B_i 中每个都是由相应的 A_i 按整数向量平移而得到的；在平移时，部分 A_i 的某一内点 a_i 变为 a，向量 $\overrightarrow{aa_i}$ 为整数向量. 因此，存在 Q 的 $n+1$ 个内点 a_i，使 $\overrightarrow{aa_i}$ 为整数向量.

设 b 是正方形 R_1 中距 a 最近的顶点（b 也是格点），则向量 $\overrightarrow{ab}$ 的长小于 1. 如果整个平面按向量 $\overrightarrow{ab}$ 平

移,那么 $n+1$ 个点 a_i 变为点 b_i,其中 $bb_i=aa_i$,即$\overrightarrow{bb_i}=\overrightarrow{aa_i}$是整数向量,而 b 是格点,那么所有 b_i 也都是格点.总之,按长度小于1的向量平移后,图形 Q 覆盖了 $n+1$ 个格点.定理得证.

定理2 如果图形 Q 的面积不超过1,那么可以平移 Q,使之不覆盖任何格点.

以 R 表示边平行于坐标轴且边长不超过某整数 n 的正方形,那么 R 可覆盖不超过 n^2 个格点.事实上,平行于 x 轴且过整数格点的一条直线上最多有 n 个格点在 R 内,而这种直线同 R 有公共内点的不超过 n 条.

先考虑 Q 的面积小于1的情形.以 Q_1 表示 R 去掉 Q 的剩余部分.Q_1 的面积大于 n^2-1.由定理1知,可把平面按一个长度小于1的向量平移为 $\overline{Q}$,使其盖住$(n^2-1)+1=n^2$(个)格点,且这时 R 和 Q 分别移成了 $\overline{R}$ 和 $\overline{Q}$,但由前一段知 $\overline{R}$ 最多覆盖 n^2 个格点,其一部分 $\overline{Q}_1$ 已覆盖了 n^2 个,故剩余部分 $\overline{Q}$ 不覆盖格点.定理得证.

对 Q 面积等于1的情形,可应用极限过程加以证明.

§36 勒贝格及波尔-布劳维尔定理

这一节我们来证明两个与凸图形(及其同胚[①]图形)有关的卓越的拓扑性定理.其中之一是法国数学

---

① 如果图形 Q_1 在拓扑映射下变换为图形 Q_2,就说 Q_1 与 Q_2 同胚.如圆周与正方形边界等.

家勒贝格(Lebesgue,1875—1941)在 1921 年证明的同凸图形可用闭集覆盖的性质有关的定理. 另一个是与凸图形自身变换时的不动点有关的定理. 这是拉脱维亚数学家波尔(Г. Боле,1865—1921)于 1905 年作为他分析所研究的一个辅助命题而首先得到的,在 1911 年又被荷兰数学家布劳维尔(L. Brouwer)重新发现并加以简要叙述. 1924 年,德国数学家斯潘纳尔给勒贝格定理一个新的证明,他对作为根据的两条定理本身也都有独立兴趣. 波兰数学家克纳斯杰尔(Кнастер)等又把波尔 - 布劳维尔定理的证明归结为斯潘纳尔引理. 先引入几个概念.

由至少属于点集 $M_1,M_2,\cdots,M_n$ 之一的点组成的集合称为它们的并集,记作

$$M=M_1\cup M_2\cup\cdots\cup M_n$$

如果集合 $B\subseteq M$,就说 B 被(一组)集合 $M_1,M_2,\cdots,M_n$ 覆盖.

考虑集合 B 的自身变换 F:每一点 $b\in B$ 都以它自身的某一点 $b_1=F(b)$ 为象. 如果在变换 F 下,点 b 同自己的象重合,有

$$b=F(b)$$

那么 b 称为不动点. 对于平面图形 Q 的一个三角形(直边或曲边的)分划,如果其中两个三角形的公共点只能在一个顶点或一整条边上,就称为单纯的. 分划中三角形的顶点和边分别称为分划的顶点和边. 我们将以整数标记分划的顶点. 等式 $P=(k)$ 表示:分划顶点 P 的标号是 k. 如果 $P_1=(k),P_2=(l),P_3=(m)$,那么分划的边 P_1P_2 和 $\triangle P_1P_2P_3$ 记为

$$P_1P_2=(k,l),\triangle P_1P_2P_3=(k,l,m)$$

斯潘纳尔引理1 设$\triangle S=\triangle A_1A_2A_3$被单纯地分划为$\triangle_1,\triangle_2,\cdots,\triangle_k$,把分划顶点以整数1,2和3标号,使得:

1)$A_1=(1),A_2=(2),A_3=(3)$;

2)如果分划的顶点P属于边$A_iA_j(i,j=1,2,3)$,则$P=(i)$或$P=(j)$.

那么在分划的三角形中,有$\triangle_i=(1,2,3)$.

对分划三角形的个数k施行归纳法.如$k=1$,唯一的分划三角形$\triangle=\triangle S=\triangle A_1A_2A_3=(1,2,3)$.

设命题对$k<m$正确,我们证明它对$k=m$也正确.现设$\triangle S=\triangle A_1A_2A_3$单纯地分划为$\triangle_1,\triangle_2,\cdots,\triangle_m$.在边$A_1A_2$上依次排列从$A_1=(1)$开始到$A_2=(2)$为止的有限个分划的顶点(1)或(2).其中必可找到一对相邻顶点E_1和E_2,使$E_1=(1)$而$E_2=(2)$(图174).E_1E_2是分划的边,它属于分划的某一个三角形$\triangle_i=\triangle E_1E_2E_3$.

如果$E_3=(3)$,那么$\triangle_i=(1,2,3)$即为要求的三角形.考虑$E_3=(2)$的情形($E_3=(1)$时可类似考虑).E_3在边A_2A_3上或在S内部.

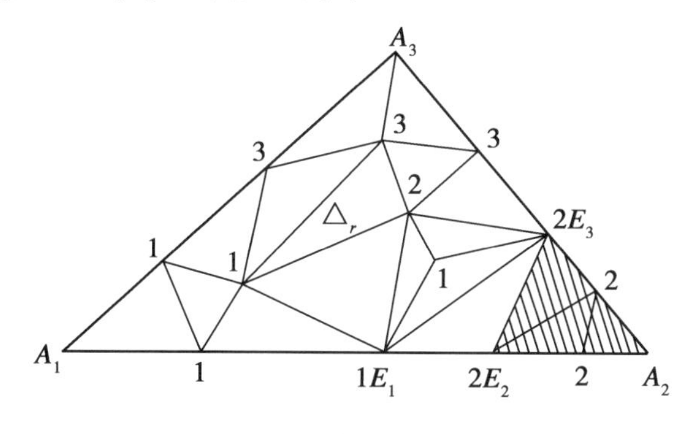

图174

①设 $E_3=(2)$ 在 A_2A_3 上(图 174). E_3 不会同 $A_3=(3)$ 重合,也不会同 A_2 重合. 由 S 中去掉 $\triangle E_1A_2E_3$(图 174 中阴影部分),余下的部分用 Q 表示且把它看做一个曲边三角形:顶点是 $A'_1=A_1=(1)$, $A'_2=E_3=(2)$, $A'_3=A_3=(3)$,边为 $A'_1A'_3=A_1A_3$, $A'_2A'_3=E_3A_3$(A_2A_3 的一部分)和 $A'_1A'_2$ 即折线 $A_1E_1E_3$. 在 Q 中的分划三角形 $\triangle_j$ 的个数 $k<m$,且构成它的单纯分划. 保持原分划顶点的标号. 由于 $A'_i=(i)(i=1,2,3)$ 和落在边 $A'_iA'_j$ 上的分划顶点(除了 $A'_1A'_2$ 上的顶点 $A'_2=(2)$ 之外)均是原来 S 的边 A_iA_j 上的顶点,因此,引理条件 1),2)成立.

②如果 $E_2=(2)$ 在 $S=(1,2,3)$ 内部(图 175),那么以 Q 表示由 S 中去掉 $\triangle_j=\triangle E_1E_2E_3$ 剩下的图形. 把 Q 看做一个三角形:顶点为 $A'_i=A_i(i=1,2,3)$,边为 $A'_2A'_3=A_2A_3$, $A'_1A'_3=A_1A_3$,而边 $A'_1A'_2$ 是折线 $A_1E_1E_3E_2A_2$;落在 Q 中的分划三角形 $\triangle_i$ 构成它的单纯分划,分划三角形个数 $m-1<m$. 保持原分划顶点上的标号,易见 Q 符合引理条件 1)和 2):$A'_i=(i)$. 落在 $A'_iA'_j$ 上的分划顶点标号不是(i)就是(j).

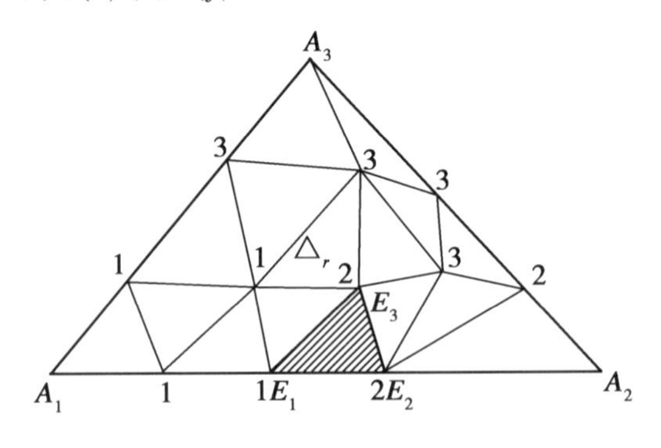

图 175

按归纳假设,在①,②两种情形下,在 Q 的分划三角形$\triangle_i$中(它们是 S 的分划三角形的一部分)可找到$\triangle_r=(1,2,3)$,于是命题对任何自然数都正确.

斯潘纳尔引理2 设$\triangle Q=\triangle A_1A_2A_3$被闭集 R_1,R_2,R_3 覆盖,使得:

1)$A_1\in R_1,A_2\in R_2,A_3\in R_3$;

2)每条边$A_iA_j(i,j=1,2,3)$被一对集合R_i,R_j覆盖.

那么必存在 Q 的点同属于三个集合 R_1,R_2,R_3(它们的交集非空,图176).

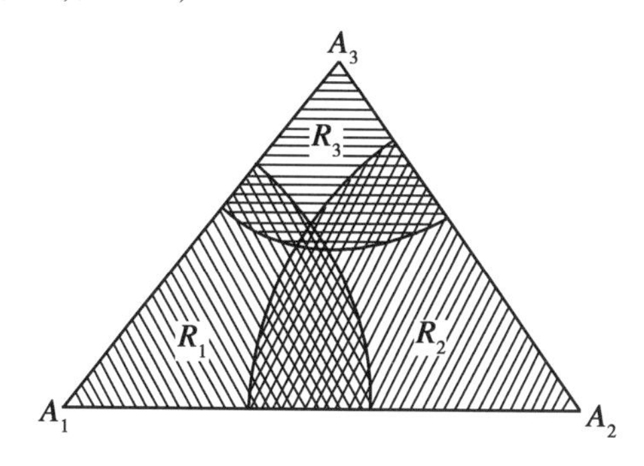

图176

事实上,给定一个以零为极限的正数序列 ε_1,$\varepsilon_2,\cdots,\varepsilon_n,\cdots$,对每个$\varepsilon_n$,选取 Q 的一个单纯分划(第 n 个分划),使其分划三角形$\triangle_i^{(n)}$ 的直径小于 ε_n. 给第 n 个分划的顶点 P 标号1,2或3,且若 $P=(i)$,那么 $P\in R_i(i=1,2,3)$(如果 P 同属于两个或三个这样的集合,那么 P 可以标上包含它的集合的标号之一). 这样,A_i 的标号必为它的下标 $i(i=1,2,3$,这由条件1)可知);边 A_iA_j 上的顶点,必定标上两个下标 i 或 j 之一(在任何情况下,这些顶点属于 R_i 和 R_j 之一). 这样的标号满足引理1的条件1)和2),因此存在分划三角形$\triangle_r^{(n)}=a_nb_nc_n=(1,2,3)$,其边长小于 ε_n,且 $a_n\in R_1$,$b_n\in R_2$,$c_n\in R_3$.

我们有三个点列:R_1 中的$\{a_n\}$,R_2 中的$\{b_n\}$,R_3 中的$\{c_n\}$($n=1,2,3,\cdots$).因所有 $a_n\in Q$,那么它在 Q 中有极限点 d①,点 b_n,c_n 同 a_n 之间的距离小于 ε_n,因此$\{b_n\}$和$\{c_n\}$,$\{a_n\}$有共同极限点 d.但 R_1,R_2,R_3 为闭集,因此 d 同属于它们.

勒贝格定理 1 如果$\triangle S$ 被一组直径小于 ε(充分小的正数)的闭集 $Q_1,Q_2,\cdots,Q_n$ 覆盖,那么在 S 上存在点 d 属于其中三个集合(图 177).

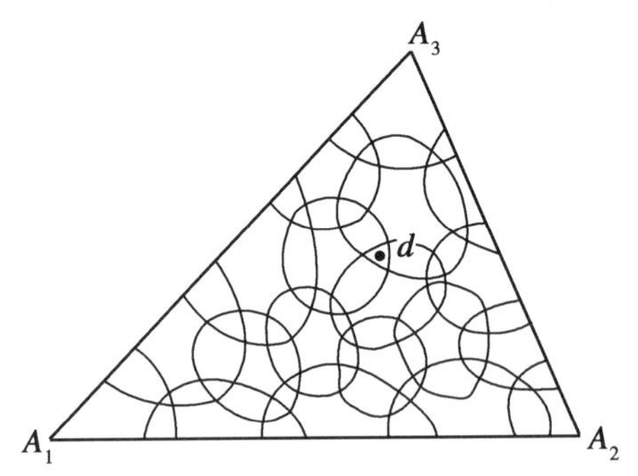

图 177

把集合 $Q_1,Q_2,\cdots,Q_n$ 分成三类:含有点 A_1 的 Q_i 算第Ⅰ类,含 A_2 的 Q_i 算第Ⅱ类,含 A_3 的 Q_i 算第Ⅲ类(因 Q_i 直径小于三角形每边,故任何 Q_i 不同时包含两点 A_i).

剩下的集合,含有边 A_1A_2 的点的放入Ⅰ或Ⅱ类,含有边 A_2A_3 的点的放入Ⅱ或Ⅲ类,含有边 A_3A_1 的点的放入Ⅲ或Ⅰ类.因每个集合 Q_i 的直径小于 S 的高的

① 因$\triangle Q=\triangle A_1A_2A_3$ 作为图形即连续统,本身也是闭集.

一半，所以 Q_i 不可能同时和三条边有公共点. 如 Q_i 同时和两边 A_1A_2 及 A_3A_1 有公共点的，放入Ⅰ类，同时和 A_2A_3，A_1A_2 有公共点的，放入Ⅱ类，同时和 A_3A_1，A_2A_3 有公共点的，放入Ⅲ类. 剩下的集合随便放入哪一类.

分别以 R_1, R_2, R_3 表示Ⅰ，Ⅱ，Ⅲ类集合的并集. 那么集合 R_i 含有顶点 $A_i(i=1,2,3)$ 且不包含 A_i 的对边上的点，边 $A_iA_j(i,j=1,2,3)$ 被 R_i 和 R_j 的并集覆盖；最后，整个 $\triangle S$ 是 R_1, R_2, R_3 的并集. 由引理2知，存在集合 R_1, R_2, R_3 的公共点 d，它属于Ⅰ类集合之一，也属于Ⅱ类集合之一和Ⅲ类集合之一. 总之，d 属于 Q 中的三个.

波尔－布劳维尔不动点定理　对于等边三角形 $S=\triangle A_1A_2A_3$ 变为自身的连续变换 F，必存在仍变换为自身的点 b（即变换 F 的不动点）：$b=F(b)$.

设 c 为 S 的任意一点. 分别以 ρ_1, ρ_2, ρ_2 表示 c 到边 A_2A_3，A_3A_1，A_1A_2 的距离，我们有①

$$\rho_1+\rho_2+\rho_3=\rho=\frac{\sqrt{3}a}{2} \tag{1}$$

其中 a 是 S 的边长，ρ 为 S 的高（定值）.

曲线 $\rho_1=h_1$（常数）是平行于边 A_2A_3 的直线，它到 A_2A_3 的距离为 h_1 且和 A_1 在同侧，这直线记作 P_1P_2，$\rho_2=h_2$ 同样为平行于 A_1A_3，距它为 h_2 且与 A_2 在同侧的直线 $P_1'P_2'$（图178）. 因此，如果已知 $\rho_1=h_1, \rho_2=h_2$ $(\rho_3=\rho-h_1-h_2)$，那么 c 作为它们的交点被唯一确定.

① 见§38中的维维安尼定理.

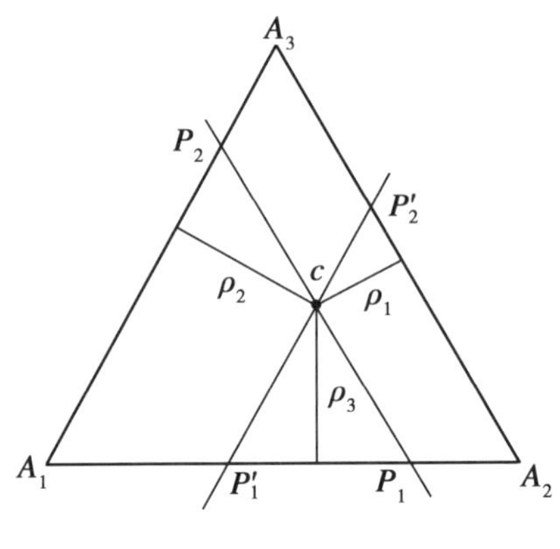

图 178

如果移动点 c,由于 ρ_1,ρ_2,ρ_3 的和一定,它们不可能同时增大,即至少有一个不增. 如果 c 在边 A_1A_2 上,那么 ρ_3 取值 0,即 $\rho_1+\rho_2=\rho$;一般的,如果 c 在边 A_iA_j 上,那么 $\rho_i+\rho_j=\rho(i,j=1,2,3)$. 当点移动时,$\rho_i+\rho_j$ 不增,即 ρ_i 与 ρ_j 中至少有一个不增. 对点 A_1,$\rho_2=\rho_3=0$,$\rho_1=\rho$,故 ρ_1 不增(不变). 一般的,当 c 在点 $A_i(i=1,2,3)$ 时,ρ_i 不增.

以 $R_i(i=1,2,3)$ 表示 S 中对于变换 F,ρ_i 的值不增的点的集合. 三角形的每点都属于这集合之一. 三角形顶点 $A_i\in R_i$,边 A_iA_j 上的任何点都属于 R_i 与 R_j 之一. 另外,由于变换是连续的,如点 b 是 R_1 的极限点,即在变换下使 ρ_1 的值不增的点的极限点,那么,对 b 来说,ρ_1 的值也不增①,即 b 属于 R_1,R_1 既然包含了自

① 设 $b^{(n)}\in R_1$,即 $\rho_1(F(b^{(n)}))\leqslant\rho_1(b^{(n)})$,但 F 为连续变换,故 $b^{(n)}\to b(n\to\infty)$ 时,$F(b^{(n)})\to F(b)$. 在上面不等式两边取极限即得 $\rho_1(F(b))\leqslant\rho_1(b)$.

己的极限点,所以它是闭集.类似可证 R_2 和 R_3 也是闭集.这就符合了引理2的条件,因此,按这引理,S 中存在 R_1,R_2,R_3 的公共点 b.由 R_i 的定义知,当施行变换 F 时,ρ_1,ρ_2,ρ_3 均不增,由于和 $\rho_1+\rho_2+\rho_3$ 为定值,所以 ρ_1,ρ_2,ρ_3 也不会减小,因此均不变,即 b 在变换 F 下保持不变,因此 b 就是变换 F 的不动点.定理证毕.

如果等边三角形 S 代之以任意平面凸图形 R,勒贝格及波尔-布劳维尔定理仍然成立.事实上,只要将 S 拓扑地映射为 R,覆盖 S 的充分小闭集即变换为覆盖 R 的充分小闭集,S 中三个闭集的公共点也就变为 R 中三个闭集的公共点,即得到:

一般形式的勒贝格定理 如果平面凸图形被一组直径充分小的闭集 $Q_1,Q_2,\cdots,Q_r$ 所覆盖,那么至少存在一个公共点属于其中三个集合.

图179表明,平面凸图形 R(这里是三角形)可以被一组直径充分小的闭集 $Q_1,Q_2,\cdots,Q_n$ 覆盖,使 R 的任何一点不属于多于三个 Q_i.

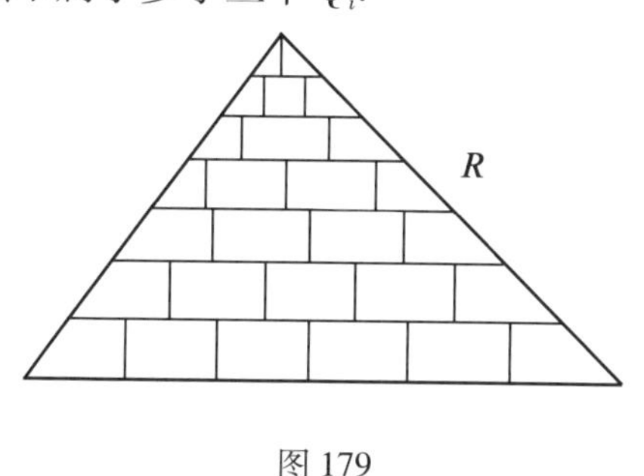

图179

一般形式的波尔-布劳维尔定理 对于凸图形 R 变为自身的连续变换,至少存在一个不动点.

***n* 维推广** 类似于三角形在平面中的作用,在空

间是四面体,在 n 维空间是 n 维单纯形.

设 $A_0, A_1, \cdots, A_n$ 是 n 维空间中不全属于任何 $n-1$ 维子空间的点. 包含这些点的最小凸体(点集 $\{A_0, A_1, \cdots, A_n\}$ 的凸包)就叫作这些点所张的 n 维单纯形. n 维单纯形是最简单的 n 维多面体. 对任意的 $k(k=0, 1, \cdots, n-1)$,由 $n+1$ 个顶点 $A_0, A_1, \cdots, A_n$ 中取出 $k+1$ 个点 $A_{i_0}, A_{i_1}, A_{i_k}$,张在这些点上的 k 维单纯形就是 n 维单纯形包含的 k 维面,n 维单纯形共有 C_{n+1}^{k+1} 个 k 维面. 特别的,n 维单纯形有 $C_{n+1}^1 = n+1$(个)顶点($k=0$),$C_{n+1}^2 = \frac{1}{2}(n+1)n$(条)棱($k=1$),$C_{n+1}^3 = \frac{1}{6}(n+1)n \cdot (n-1)$(个)三角形面,……. 对于 $n=0,1,2,3$,单纯形分别为点、线段、三角形和四面体.

将 n 维多面体分为 n 维单纯形的分划,称为单纯分划,如果分划中的两个单纯形只能以整个 k 维面($k=0,1,\cdots,n-1$)即顶点,整条棱,……,或整个 $n-1$ 维面为公共部分.

斯潘纳尔引理 $1'$　设以 $A_1, A_2, \cdots, A_{n+1}$ 为顶点的 n 维单纯形单纯地分划为单纯形 $\triangle_1, \triangle_2, \cdots, \triangle_k$,且分划单纯形的顶点标号 $1,2,\cdots,n+1$,使得如下条件成立:

1)顶点 A_i 标号 i:$A_i=(i)$,$i=1,2,\cdots,n+1$;

2)位于以顶点 $A_{i_0}, A_{i_1}, \cdots, A_{i_k}$ 的 k 维面上的分划顶点,可以以 $i_0, i_1, \cdots, i_k$ 中的任一个标号.

那么可找到一个分划单纯形 $\triangle_i$,其顶点标上了全部数字 $1,2,\cdots,n+1$.

这个引理的证明可在拉甫仑杰夫和柳斯杰尔尼克的《变分法基础》一书(1935 年)一卷一分册中找到.

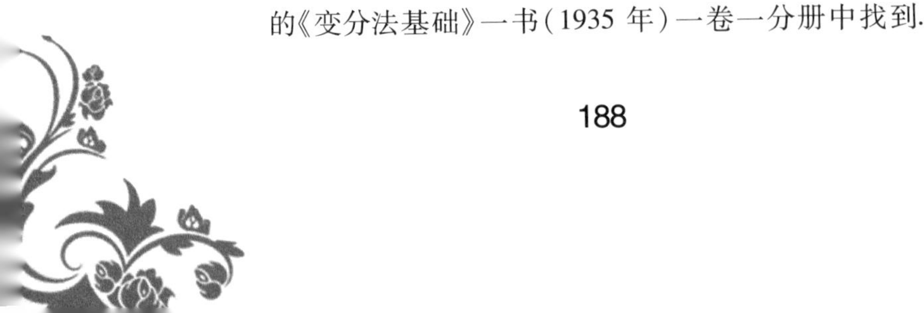

应用这个引理,可以与二维情况类似地证明:

斯潘纳尔引理 2′ 设以 $A_1, A_2, \cdots, A_{n+1}$ 为顶点的 n 维单纯形被一组闭集 $R_1, R_2, \cdots, R_{n+1}$ 覆盖,且有如下条件成立:

1)顶点 $A_i \in R_i (i=1,2,\cdots,n+1)$;

2)以 $A_{i_0}, A_{i_1}, \cdots, A_{i_k}$ 为顶点的 k 维面$(k=1,2,\cdots,n-1)$包含于并集 $R_{i_0} \cup R_{i_1} \cup \cdots \cup R_{i_k}$.

那么单纯形中必存在属于全部 $n+1$ 个集合 $R_1, R_2, \cdots, R_{n+1}$ 的点(即 $R_1 \cap R_2 \cap \cdots \cap R_{n+1}$ 非空).

勒贝格定理和波尔-布劳维尔定理也可以推广到 n 维空间.

勒贝格定理 2 如果 n 维立方体被有限个(直径)充分小的闭集覆盖,那么它至少有一点属于其中 $n+1$ 个集合.

同时,n 维立方体可被有限个充分小的闭集覆盖,使得没有任何点同属于超过其中 $n+1$ 个集合.

波尔-布劳维尔定理 对将 n 维凸体变为自身的连续变换,至少存在一个不动点.

由在 n 维情形下的斯潘纳尔引理推导本定理的过程,类似于二维情况下的推导过程.

例 设 R 是平面(x,y)上由 $|x| \leqslant 1, |y| \leqslant 1$ 确定的正方形. 把 R 中的每个点 $b(x,y)$ 都变为点 $b_1(x_1, y_1)$ 的变换 $b_1 = F(b)$ 由下式确定

$$x_1 = \frac{1}{2}\sin(x+y) + \frac{1}{4} \times 2^x$$

$$y_1 = \frac{1}{2}(x^3 + \cos y)$$

显然 $|x_1| \leqslant 1, |y_1| \leqslant 1$,即点 $b_1(x_1, y_1) = F(b) \in R$. 于

是 F 是正方形 R 变为自身的连续变换. 那么,存在不动点 $b(x,y)$:$b(x,y)=b_1(x_1,y_1)$,即 $x=x_1, y=y_1$. 点 b 的坐标(x,y)满足方程组

$$\begin{cases} x=\frac{1}{2}\sin(x+y)+\frac{1}{4}\times 2^x \\ y=\frac{1}{2}(x^3+\cos y) \end{cases}$$

这个方程组有解(x,y),使 $b(x,y)\in R$ 即 $|x|\leqslant 1$, $|y|\leqslant 1$. 要一下子看出这个方程组的解是困难的. 这个例子表明,应用波尔 - 布劳维尔定理可以解决方程组解的存在性问题.

§37　凸图形与赋范空间

考虑以定点 O 为始点的二维和三维向量. 和前面一样,以字母 $a,b,\cdots$表示点,同时表示以其为端点的向量$\overrightarrow{Oa},\overrightarrow{Ob},\cdots$. 按平行四边形法则作向量加法,则 $\boldsymbol{a}+\boldsymbol{b}$的长度不会超过向量 $\boldsymbol{a},\boldsymbol{b}$ 的长度之和(图 180).

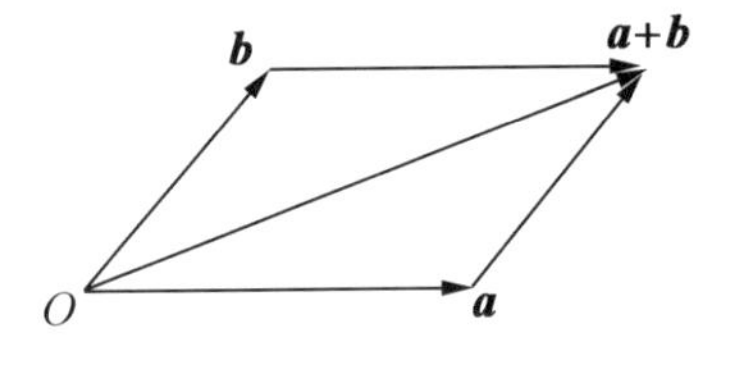

图 180

考虑以 O(向量始点)为内点的平面凸图形 Q, q 为其边界. 设 $b(c)$为平面上任一点($\overrightarrow{Ob}$为任意向量). 设 $b_1(c_1)$为射线 $Ob(Oc)$同 q 的交点(图 181).

图 181

以 $\|b\|$ 表示线段 Ob 同 Ob_1 的长度之比，称为 b 的范数. 对于在 Q 之外的点 b，$\|b\|>1$，对 Q 的内点 c，$\|c\|<1$，这时，如果 $c\neq0$，则 $\|c\|>0$. 对边界 q 上的点 d，$\|d\|=1$. 对点 O，有 $\|O\|=0$.

范数满足如下条件：

1)对任何异于 O 的点(向量)$\boldsymbol{a}$，范数为正

$$\|\boldsymbol{a}\|>0,\text{且仅有}\|O\|=0 \tag{1}$$

2)如 s 为正数，那么

$$\|s\boldsymbol{a}\|=s\|\boldsymbol{a}\| \tag{2}$$

3)范数满足“三角形法则”

$$\|\boldsymbol{a}+\boldsymbol{b}\|\leqslant\|\boldsymbol{a}\|+\|\boldsymbol{b}\| \tag{3}$$

前两条性质是显然的. 我们来证式(3). 首先，如 $a_0,a_1\in q$，t_0,t_1 为两个任意正数，那么

$$\|t_0a_0+t_1a_1\|\leqslant t_0+t_1 \tag{4}$$

事实上，有

$$\begin{aligned} t_0a_0+t_1a_1 &= (t_0+t_1)\left(\frac{t_0}{t_0+t_1}a_0+\frac{t_1}{t_0+t_1}a_1\right) \\ &= (t_0+t_1)(s_0a_0+s_1a_1) \end{aligned} \tag{5}$$

这里

$$s_0=\frac{t_0}{t_0+t_1}>0,s_1=\frac{t_1}{t_0+t_1}>0,s_0+s_1=1$$

点 $s_0a_0+s_1a_1$ 在线段 a_0a_1 上,即与 a_0,a_1 一起属于凸图形 Q,因此

$$\|s_0a_0+s_1a_1\|\leqslant 1$$

再利用等式(5)和不等式(2)即得要证的式(4).

现在设 $\boldsymbol{a},\boldsymbol{b}$ 为任意异于 O 的点(向量),$\boldsymbol{a}_0,\boldsymbol{b}_0$ 是射线 Oa 和 Ob 同 q 的交点. 按范数定义,如果 $\|\boldsymbol{a}\|=t_0$,$\|\boldsymbol{b}\|=t_1$,那么 $\boldsymbol{a}=t_0\boldsymbol{a}_0,\boldsymbol{b}=t_1\boldsymbol{b}_0$,由式(4)即得

$$\|\boldsymbol{a}+\boldsymbol{b}\|=\|t_0\boldsymbol{a}_0+t_1\boldsymbol{b}_0\|\leqslant t_0+t_1=\|\boldsymbol{a}\|+\|\boldsymbol{b}\|$$

如果 $\boldsymbol{a}=0$,那么 $\boldsymbol{a}+\boldsymbol{b}=\boldsymbol{b}$,$\|\boldsymbol{a}+\boldsymbol{b}\|=\|\boldsymbol{b}\|\leqslant\|\boldsymbol{a}\|+\|\boldsymbol{b}\|$,式(3)仍然成立. 类似地证 $\boldsymbol{b}=0$ 的情形. 证毕.

现在设对每个向量 $\boldsymbol{a}$ 赋予一个满足条件 1)~3)的(范)数 $\|\boldsymbol{a}\|$,我们来证明,满足 $\|\boldsymbol{a}\|\leqslant 1$ 的向量集合 Q 是凸图形.

设 $\boldsymbol{a},\boldsymbol{b}\in Q$,那么 $\|\boldsymbol{a}\|\leqslant 1$,$\|\boldsymbol{b}\|\leqslant 1$. 设 $s>0$,$s_1>0$,$s+s_1=1$,据条件 3)和 2),有

$$\|s\boldsymbol{a}+s_1\boldsymbol{b}\|\leqslant\|s\boldsymbol{a}\|+\|s_1\boldsymbol{b}\|=s\|\boldsymbol{a}\|+s_1\|\boldsymbol{b}\|$$
$$\leqslant s+s_1=1$$

即 $s\boldsymbol{a}+s_1\boldsymbol{b}\in Q$,所以 Q 为凸集. 这样的图形 Q 称为“单位球”,单位球的凸性等价于三角形法则.

对于 $n(n\geqslant 3)$ 维空间的点(向量),也可考虑范数. 引入了满足条件 1)~3)的范数的空间,叫作赋范空间. 下面举几个例子.

1)对 $\boldsymbol{a}(x,y)$,设 $\|\boldsymbol{a}\|=\sqrt{x^2+y^2}$,即以向量的普通长度为范数,单位球就是普通的单位圆. 在三维空间中的点 $\boldsymbol{a}(x,y,z)$,则可以以

$$\|\boldsymbol{a}\|=\sqrt{x^2+y^2+z^2}$$

为范数.

2)对 $\boldsymbol{a}(x,y)$,设 $\|\boldsymbol{a}\| = |x| + |y|$,那么单位球 Q 就是 $\|\boldsymbol{a}\| \leqslant 1$,即满足 $|x| + |y| \leqslant 1$ 的点的集合,它是如图 182 所示的正方形. 其顶点为(1,0),(0,1),(-1,0),(0,-1). 类似的,对三维空间的点 $\boldsymbol{a}(x,y,z)$,设 $\|\boldsymbol{a}\| = |x| + |y| + |z|$,那么单位球 $\|\boldsymbol{a}\| \leqslant 1$ 就是正八面体,其顶点为(1,0,0),(0,1,0),(0,0,1),(-1,0,0),(0,-1,0),(0,0,-1).

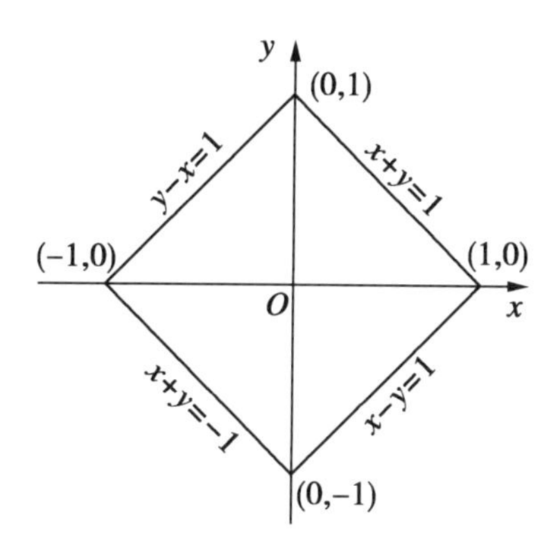

图 182

n 维赋范空间是闵可夫斯基在研究与凸体有关的理论时引入的. 完备赋范空间就是所谓巴拿赫空间,这是以波兰数学家巴拿赫(Banach,1892—1945)的名字命名的. 这种空间在现代数学中起着重要的作用.

§38　维维安尼定理与费马问题

费马问题　法国数学家费马(Fermat,1601—1665)曾在一则札记中提出一个著名问题:“在平面上给定三点,试求第四点,使它到给定三点的距离之和为极小.”卡瓦列利证明了同三点所张的角均为 120°的点(如果有这样的点的话),就是要求的点(称为费马点). 但他的证明要依赖维维安尼(Viviani, 1622—1703)定理. 后来,法斯宾德尔(Fasbender)在 1846 年又证明了一个与此有关的有趣定理,使费马问题成为运筹学中一个意义重大的例子.

定理 1(维维安尼定理) 正三角形上任意一点到三边的距离之和为定值(这定值等于三角形的高).

这定理有很多种证法,我们给出一个基于面积概念的纯几何证法.

设正$\triangle ABC$内任一点 c 到各边的距离为 ρ_1,ρ_2,ρ_3,三角形边长为 a. 由于$\triangle ABC$的面积等于$\triangle cAB$,$\triangle cBC$,$\triangle cCA$的面积之和(图 183),就是

$$\frac{1}{2}a\rho_1+\frac{1}{2}a\rho_2+\frac{1}{2}a\rho_3=\frac{1}{2}a\rho=\frac{\sqrt{3}}{4}a^2$$

约去$\frac{1}{2}a$,即得

$$\rho_1+\rho_2+\rho_3=\rho=\frac{\sqrt{3}}{2}a \tag{1}$$

对于点在边界上的情形,结论显然成立.

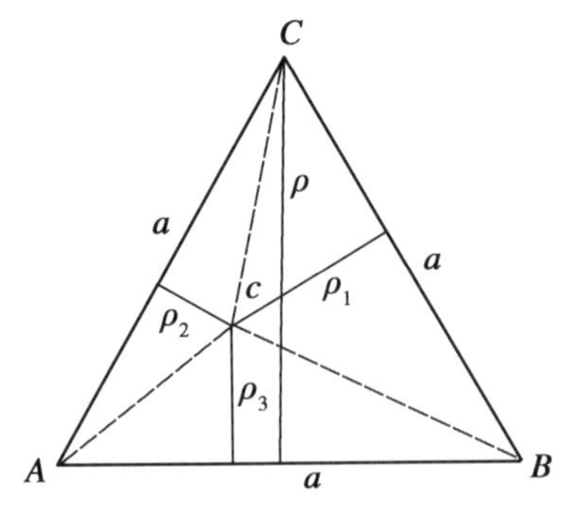

图 183

应用这个定理,很容易证明关于费马点的如下定理.

定理2(卡瓦列利定理) 对平面给定三点 A,B,C,如果有点 c_0 使 $\angle Ac_0B=\angle Bc_0C=\angle Cc_0A(=120^\circ)$ 成立,那么 c_0 就是费马点.

事实上,分别过 A,B,C 作 c_0A,c_0B,c_0C 的垂线而得到的 $\triangle A^0B^0C^0$(图 184),由于 $\angle Ac_0B=\angle Bc_0C=\angle Cc_0A=120^\circ$,其三内角均为 60°,所以是正三角形. 过 $\triangle A^0B^0C^0$ 内任一点 c 向三边作垂线 cA',cB',cC',由维维安尼定理,有

$$cA'+cB'+cC'=c_0A+c_0B+c_0C \tag{2}$$

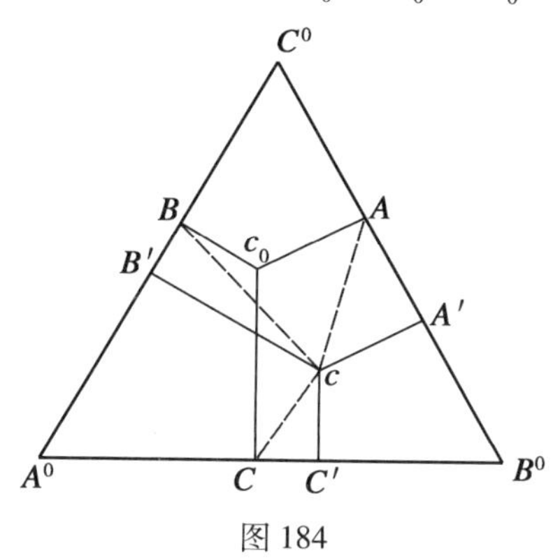

图 184

但由同一点引的线段以垂线最短,因此

$$cA'+cB'+cC'\leqslant cA+cB+cC \tag{3}$$

结合式(2)和式(3),即得

$$c_0A+c_0B+c_0C\leqslant cA+cB+cC$$

按定义,c_0 是点组(A,B,C)的费马点.

但这样的点是不是存在呢? 设$\triangle ABC$ 内角都小于 120°. 分别以它的三边为弦向内作 120°的弧,我们断定,它们必然交于一点. 事实上,设相应的圆心为 O_1,O_2,O_3(图 185),由于$\angle C<120^\circ$,那么

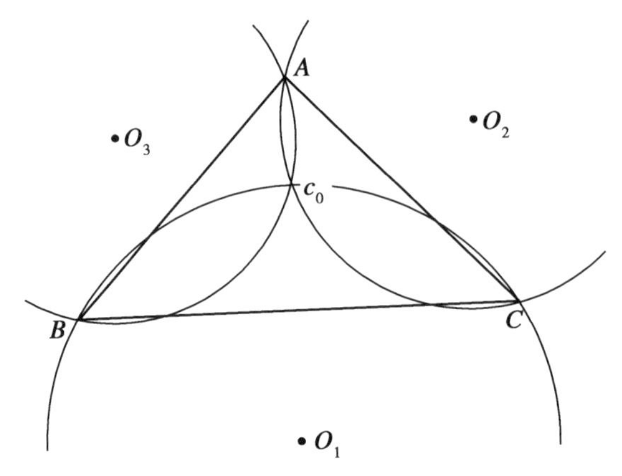

图 185

$$\angle O_1CO_2 = \angle O_1CB + \angle C + \angle O_2CA$$
$$= 30^\circ + \angle C + 30^\circ < 180^\circ$$
$$O_1O_2 < O_1C + O_2C$$

所以$\odot O_1$与$\odot O_2$必相交，且 C 以外的另一交点 c_0 必在$\angle ACB$之内. 这样，$\angle Bc_0C = \angle Cc_0A = 120^\circ$，因此，$\angle Ac_0B = 120^\circ$.

现在考虑有一内角等于 120°的情形. 例如$\angle A = 120^\circ$，由同样作图可知，三条 120°的弧必交于 A，A 在$\triangle A^0B^0C^0$ 的边上（图 186）. 因为维维安尼定理对于正三角形边上的点也成立，所以 A 就是费马点.

对于有一个角，例如$\angle B > 120^\circ$的情形（图 187），过 A，C 分别作 AB，CB 的垂线交于 B^0，再过 B 作直线垂直于$\angle B^0$ 的平分线，即得等腰三角形 $A^0B^0C^0$，设 c 是$\triangle A^0B^0C^0$ 内任意一点，作三边垂线 cA'，cB'，cC'，那么①有

① 见本章习题第 13 题.

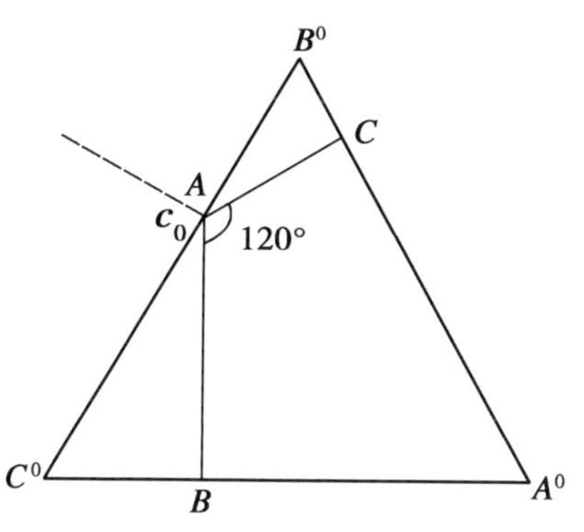

图 186

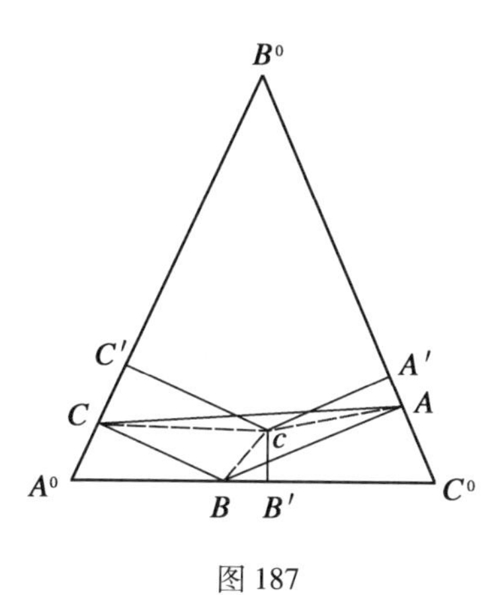

图 187

$$cA' + cB' + cC' = BA + BC + \left(\frac{A^0B^0}{A^0C^0} - 1\right)cB'$$

由于$\angle ABC > 120°$，$\angle B^0 < 60°$，即 $A^0B^0 > A^0C^0$，又 $cB' \geqslant 0$. 因此，根据垂线的最小性

$$cA + cB + cC \geqslant cA' + cB' + cC' \geqslant BC + BA$$

所以，B 是费马点. 于是我们证明了如下定理.

定理 3 设 A,B,C 为平面上任意三点，那么：

1) 当$\triangle ABC$三内角均小于 120°时,在$\triangle ABC$内有点c_0使$\angle Ac_0B=\angle Bc_0C=\angle Cc_0A(=120°)$,即费马点$c_0$在$\triangle ABC$内;

2) 当有一内角不小于 120°时,这角顶点即为费马点.

对平面上三点A,B,C,以$f(c)$表示点c到这三点的距离之和. 那么定理 2 表明

$$f(c_0)\leqslant f(c) \tag{4}$$

定理 4(法斯宾德尔) $\triangle A_1B_1C_1$是内角均小于 120°的$\triangle ABC$的任意外接正三角形,ρ是$\triangle A_1B_1C_1$的高,c_0是点组(A,B,C)的费马点,那么

$$\rho\leqslant f(c_0) \tag{5}$$

事实上,因c_0为正$\triangle A_1B_1C_1$内一点(图 188),按维维安尼定理及垂线最小性,有

$$\rho=\rho_1+\rho_2+\rho_3\leqslant c_0A+c_0B+c_0C=f(c_0)$$

即式(5)成立.

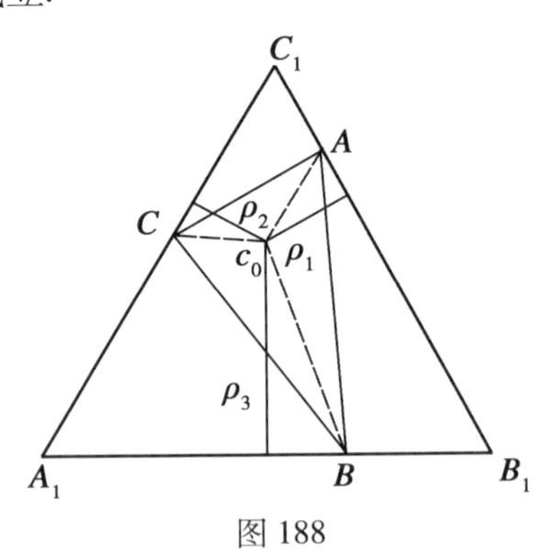

图 188

结合不等式(4),(5)有

$$\rho\leqslant f(c_0)\leqslant f(c) \tag{6}$$

式(6)表明,到A,B,C三点距离之和的极小值$f(c_0)$同

时也是$\triangle ABC$外接正三角形高的极大值.

二维加权费马问题 费马问题常被推广到平面内有n个点的情况.设$p_1,p_2,\cdots,p_n$为n个正数,A_1,$A_2,\cdots,A_n$为平面上n个点,记$d_i(x)=xA_i$,作加权和

$$f(x)=\sum_{i=1}^{n}d_i(x)\cdot p_i \tag{7}$$

问题是:在平面上求一点$x=c_0$,使$f(c_0)\leqslant f(x)$.则点c_0称为加权点组$(A_1(p_1),\cdots,A_n(p_n))$的费马点.

为讨论三点情形,先把维维安尼定理推广到任意三角形的情况.

定理 5(杨之) 任意三角形内一点到三边距离与相应边对角正弦乘积的和是一个定值,这个定值是三角形面积同其外接圆半径之比.

事实上,先设x为$\triangle ABC$内任一点,ρ_1,ρ_2,ρ_3为x到三边的距离(图189).联结xA,xB,xC,以Δ和r分别表示$\triangle ABC$的面积和外接圆半径,那么

$$\frac{1}{2}a\rho_1+\frac{1}{2}b\rho_2+\frac{1}{2}c\rho_3=\Delta$$

由正弦定理知$a=2r\sin A,b=2r\sin B,c=2r\sin C$,代入上式两边除以$r$即得

$$\rho_1\sin A+\rho_2\sin B+\rho_3\sin C=\frac{\Delta}{r} \tag{8}$$

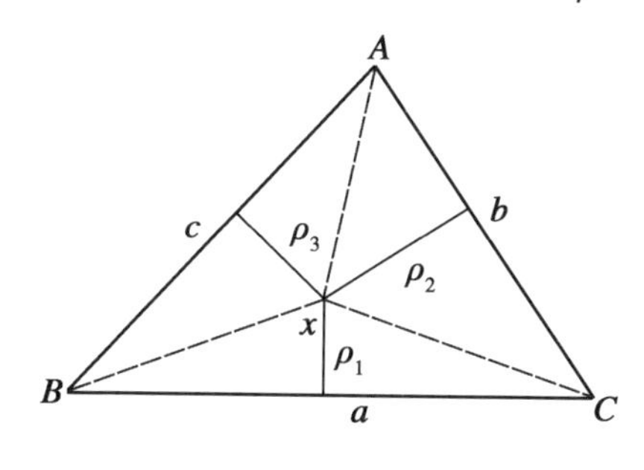

图189

对于 x 在三角形边界上的情形,可直接验证结论仍然成立. 由此可知

$$\frac{\Delta}{r}=a\sin B\sin C=b\sin C\sin A=c\sin A\sin B \quad (9)$$

对于三点情况的费马问题,由模拟的力学机构[①](图 190)可推出如下必要条件

$$\begin{cases}p_1\cos\beta+p_2\cos\alpha=p_3\\ p_2\cos\gamma+p_3\cos\beta=p_1\\ p_3\cos\alpha+p_1\cos\gamma=p_2\end{cases} \quad (10)$$

$$(\alpha+\beta+\gamma=180^\circ)$$

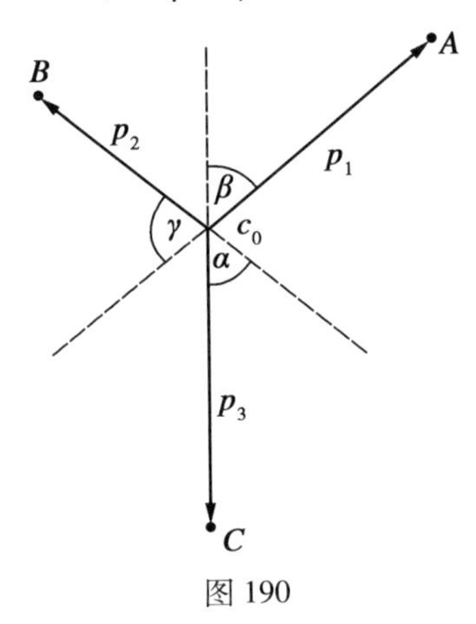

图 190

于是推出如下"三角形条件"

$$\begin{cases}p_1\leqslant p_2+p_3\\ p_2\leqslant p_3+p_1\\ p_3\leqslant p_1+p_2\end{cases} \quad (11)$$

① 见青海师院数学系运筹组在《数学通报》1962,12 上的文章,也可见 R. Honsberger《等边三角形》一文,《数学译林》1980 年第 2 期.

下面我们证明,若式(11)成立,由式(10)中的 α,β,γ 确定的点 c_0 即为费马点.

定理6 设 p_1,p_2,p_3 为满足式(11)的正数,如存在 c_0 与 A,B,C 连线构成如图190所示的三个角 α,β,γ 满足条件(10),那么 c_0 就是加权点组$(A(p_1)$,$B(p_2),C(p_3))$的费马点.

事实上,过 A,B,C 分别作 c_0A,c_0B,c_0C 的垂线得 $\triangle A^0B^0C^0$(图191),其内角分别为 α,β,γ,据定理5,有

$$c_0A\cdot\sin\alpha+c_0B\cdot\sin\beta+c_0C\cdot\sin\gamma=\frac{\Delta}{r}=f(c_0)\quad(12)$$

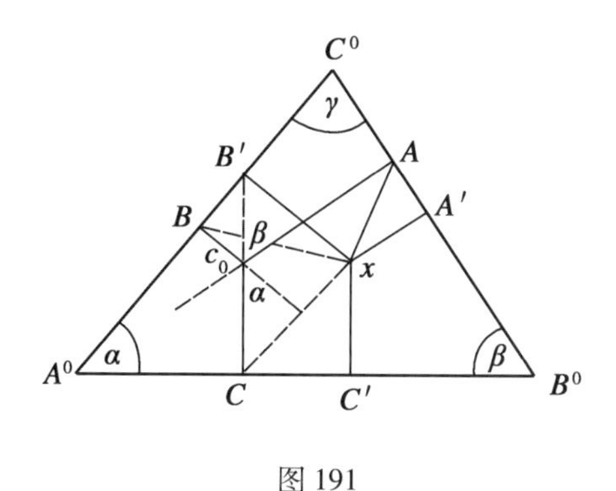

图191

这里,Δ 和 r 分别为 $\triangle A^0B^0C^0$ 的面积和外接圆半径.设 x 为 $\triangle A^0B^0C^0$ 内任一点,作三边垂线 xA',xB',xC',由 $xA\geqslant xA',xB\geqslant xB',xC\geqslant xC'$得

$$\begin{aligned}&xA\cdot\sin\alpha+xB\cdot\sin\beta+xC\cdot\sin\gamma\\&\geqslant xA'\cdot\sin\alpha+xB'\cdot\sin\beta+xC'\cdot\sin\gamma=\frac{\Delta}{r}\qquad(13)\end{aligned}$$

由式(10),有

$$\sin^2\alpha = 1 - \cos^2\alpha = \frac{s}{4p_2^2p_3^2}$$

$$\sin^2\beta = \frac{s}{4p_3^2p_1^2}$$

$$\sin^2\gamma = \frac{s}{4p_1^2p_2^2}$$

$$s = 2p_1^2p_2^2 + 2p_2^2p_3^2 + 2p_3^2p_1^2 - p_1^4 - p_2^4 - p_3^4 > 0$$

因此

$$\frac{p_1}{\sin\alpha} = \frac{p_2}{\sin\beta} = \frac{p_3}{\sin\gamma} = \frac{2p_1p_2p_3}{\sqrt{s}} = k(\text{常数}) \quad (14)$$

由式(12),(13),(14),有

$$\begin{aligned} & xA\cdot p_1 + xB\cdot p_2 + xC\cdot p_3 \\ = & k(xA\cdot\sin\alpha + xB\cdot\sin\beta + xC\cdot\sin\gamma) \\ \geqslant & k\cdot\frac{\Delta}{r} = k(c_0A\cdot\sin\alpha + c_0B\cdot\sin\beta + c_0C\cdot\sin\gamma) \\ = & c_0A\cdot p_1 + c_0B\cdot p_2 + c_0C\cdot p_3 \quad (15) \end{aligned}$$

即 c_0 为费马点.

下面来证明法斯宾德尔定理的推广.

定理 7 $\triangle ABC$ 内角均适当小(分别小于 $180^\circ-\alpha, 180^\circ-\beta, 180^\circ-\gamma$),设其对应角为 α,β,γ 的外接三角形的面积和半径分别为 Δ 和 γ,那么

$$\frac{\Delta}{r} \leqslant f(C_0) = C_0A\cdot\sin\alpha + C_0B\cdot\sin\beta + C_0C\cdot\sin\gamma \quad (16)$$

事实上,设 $\triangle A_1B_1C_1$ 为 $\triangle ABC$ 的外接三角形,$\angle A_1=\alpha$, $\angle B_1=\beta$, $\angle C_1=\gamma$, C_0 为加权点组($A(p_1)$,

$B(p_2)$,$C(p_3)$)的费马点,分别作三边垂线 C_0A',C_0B',C_0C'(图 192),那么由定理 5 得

$$C_0A' \cdot \sin \alpha + C_0B' \cdot \sin \beta + C_0C' \cdot \sin \gamma = \frac{\Delta}{r} \tag{17}$$

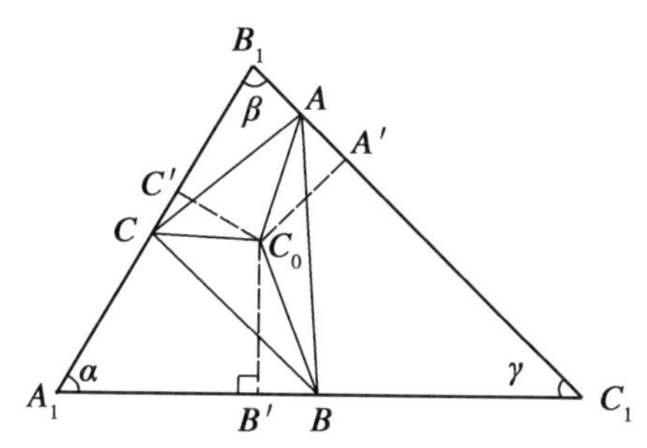

图 192

但 $C_0A' \leqslant C_0A$,$C_0B' \leqslant C_0B$,$C_0C' \leqslant C_0C$,因此

$$\begin{aligned} &C_0A' \cdot \sin \alpha + C_0B' \cdot \sin \beta + C_0C' \cdot \sin \gamma \\ \leqslant\ &C_0A \cdot \sin \alpha + C_0B \cdot \sin \beta + C_0C \cdot \sin \gamma \end{aligned} \tag{18}$$

由式(17),(18)即得式(16).

为了解决一般的二维加权费马问题,我们需要考察凸多边形的定值性质. 为此,要首先推广定理 5.

令 x 为 $\triangle ABC$ 的边 BC 之外(AB,AC 之内)的任一点. 先设 x 到 BC 的距离 $\rho_1 \leqslant h_a$(h_a 为 $\triangle ABC$ 在 BC 边上的高)(图 193). 在 AB,AC 延长线上截取 $BB' = AB$,$CC' = AC$,联结 $B'C'$,那么在 $\triangle AB'C'$ 中,(设 ρ_1' 是 x 到 $B'C'$ 边的距离)有

$$\rho_1' \sin A + \rho_2 \sin B' + \rho_3 \sin C' = \frac{4\Delta}{2r} = \frac{2\Delta}{r}$$

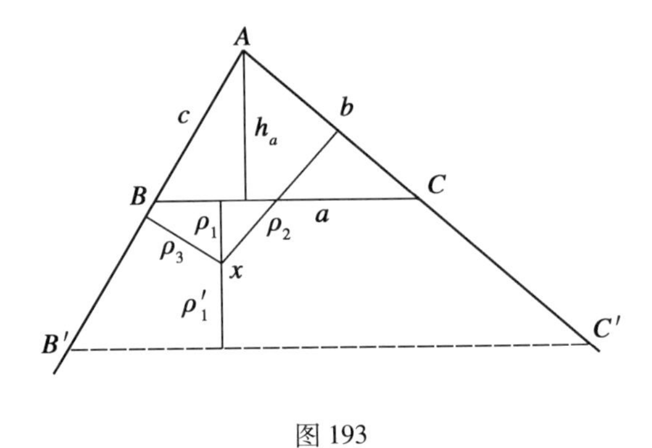

图 193

但 $(\rho_1' + \rho_1)\sin A = h_a \sin A = \frac{\Delta}{r}$，即 $\rho_1' \sin A = \frac{\Delta}{r} - \rho_1 \sin A$，代入上式，注意到 $\angle B' = \angle B$，$\angle C' = \angle C$，就得到

$$-\rho_1 \sin A + \rho_2 \sin B + \rho_3 \sin C = \frac{\Delta}{r} \qquad (19)$$

如 $\rho_1 > h_a$，可分成 $nh_a < \rho_1 \leqslant (n+1)h_a (n=1,2,3,\cdots)$ 并用数学归纳法加以证明. 同样，如果 x 在两条边之外①，例如，在 BC 边和 CA 边之外，在 AB 边之内，有

$$-\rho_1 \sin A - \rho_2 \sin B + \rho_3 \sin C = \frac{\Delta}{r} \qquad (20)$$

定理 8(杨之) 平面上任意点到三角形三边距离与相应边对角正弦相乘的代数和等于定值 $\frac{\Delta}{r}$. 其中，点在哪条边内、边上、边外，相应的乘积分别取正值、零和

① 一个点如果和三角形在其一边的同侧，称为在该边之内，否则，称为在该边之外.

负值.

下面考虑 $b /\!/ c$ 和 b,c 交于反侧 A' 的情形. 如 $b /\!/ c$（图194），$\angle A=0°$，$\angle B+\angle C=180°$，故

式(19)左边 $=(\rho_2+\rho_3)\sin B=a\sin C\sin B$

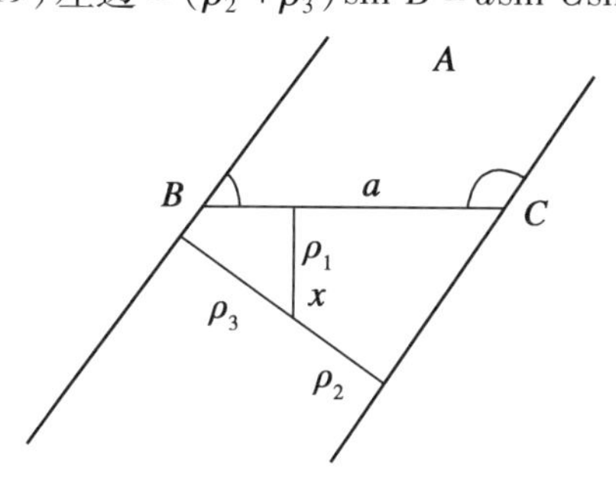

图194

虽然 $\Delta\to+\infty$，$r\to+\infty$，但是

$$\lim_{\angle A\to 0°}\frac{\Delta}{r}=\lim_{\angle A\to 0°}\frac{\frac{1}{2}ac\sin B}{\frac{c}{2\sin C}}=a\sin C\sin B$$

可见，式(19)成立. 如 b,c 交于反侧 A'（图195），由于 $\angle A'=360°-\angle A$，$\sin B'=\sin B$，$\sin C'=\sin C$，有

$$\begin{aligned}&-\rho_1\sin A+\rho_2\sin B+\rho_3\sin C\\&=\rho_1\sin A'+\rho_2\sin B'+\rho_3\sin C'\\&=a\sin B'\sin C'=a\sin B\sin C=\frac{\Delta}{r}\end{aligned}$$

式(19)仍成立. 类似证明其他情况及等式(20).

下面考虑凸 n 边形的定值. 设 x 是凸 n 边形 $A_1\cdots A_{i-1}A_iA_{i+1}\cdots A_n$ 上任一点，ρ_i 表示 x 到边 $a_i=A_iA_{i+1}$ 的距离. 考虑在三条边 a_{i-1},a_i,a_{i+1} 外由于延长多边形边而得到的（广义）三角形 $\triangle_{i-1}$，$\triangle_i$，$\triangle_{i+1}$（同时表示

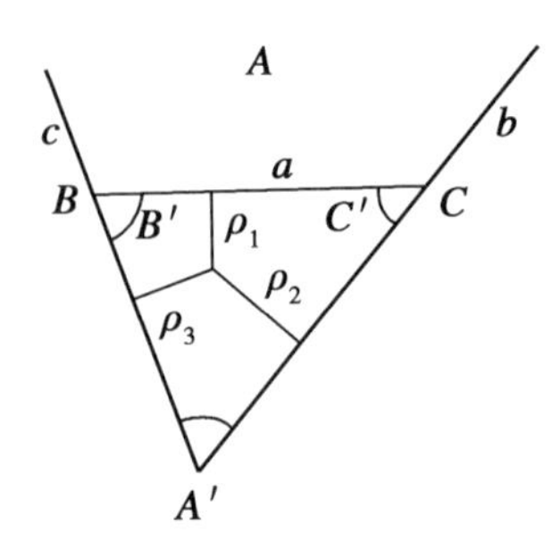

图 195

它们的面积)(图 196). 设$\triangle_i$ 的三内角分别为 $\alpha_i,\beta_i,\gamma_i$,就有

$$\rho_{i-2}\sin\gamma_{i-1}-\rho_{i-1}\sin\alpha_{i-1}+\rho_i\sin\beta_{i-1}=\frac{\Delta_{i-1}}{r_{i-1}}$$

$$\rho_{i-1}\sin\gamma_i-\rho_i\sin\alpha_i+\rho_{i+1}\sin\beta_i=\frac{\Delta_i}{r_i}$$

$$\rho_i\sin\gamma_{i+1}-\rho_{i+1}\sin\alpha_{i+1}+\rho_{i+2}\sin\beta_{i+1}=\frac{\Delta_{i+1}}{r_{i+1}}$$

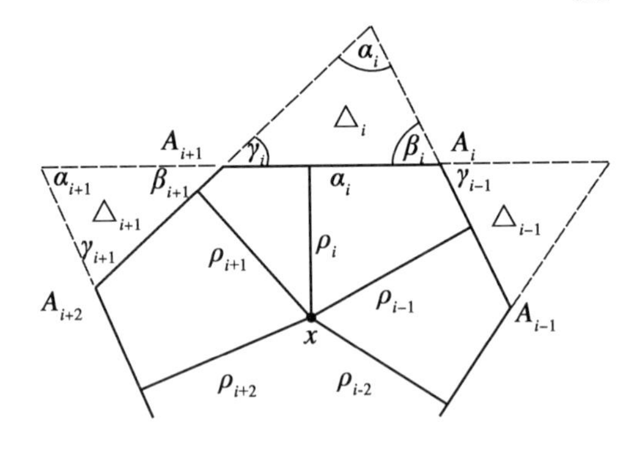

图 196

这里有

$$\sin\beta_i=\sin\gamma_{i-1}=\sin A_i,\sin\beta_{i+1}=\sin\gamma_i=\sin A_{i+1}$$
$$\sin\alpha_i=-\sin(A_i+A_{i+1})$$

对这个凸 n 边形的 n 个边外三角形$\triangle_i$,如果都写出相应的定值式,则含有 ρ_i 的有且仅有如上三个表达式.令

$$m_i=\sin A_{i-1}+\sin(A_i+A_{i+1})+\sin A_{i+2}$$
$$(i=1,2,\cdots,n,A_0=A_n,A_{n+1}=A_1,A_{n+2}=A_2)\quad(21)$$

将所有$\triangle_i$ 的定值式相加,就有

$$\sum_{i=1}^{n}\rho_i m_i=\sum_{i=1}^{n}\frac{\Delta_i}{r_i}=\sum_{i=1}^{n}a_i\sin A_i\sin A_{i+1}\qquad(22)$$

我们证明了如下更为广泛的定理.

定理 9(杨之) 凸 n 边形 $A_1\cdots A_n$ 上任一点到各边 a_i 的距离与相应正弦系数 m_i 乘积的和等于定值 $\sum_{i=1}^{n}a_i\sin A_1\sin A_{i+1}$.

对于等角多边形,设$\angle A_1=\angle A_2=\cdots=\angle A_n=\angle A$,由式(21)和(22),有

$$\sum_{i=1}^{n}\rho_i=\frac{1}{m_i}\sin^2A\sum_{i=1}^{n}a_i=\frac{\sin A}{2(1+\cos A)}\sum_{i=1}^{n}a_i$$

即

$$\rho_1+\rho_2+\cdots+\rho_n=\frac{1}{2}\tan\frac{A}{2}\sum_{i=1}^{n}a_i\qquad(23)$$

对于正 n 边形

$$\rho_1+\rho_2+\cdots+\rho_n=\frac{na}{2}\cot\frac{\pi}{n}\qquad(24)$$

对凸 n 边形 $A_1A_2\cdots A_n$ 内任一点 x,记$\angle A_1xA_2=\alpha_1,\angle A_2xA_3=\alpha_2,\cdots,\angle A_nxA_1=\alpha_n$(图 197),那么有如下定理.

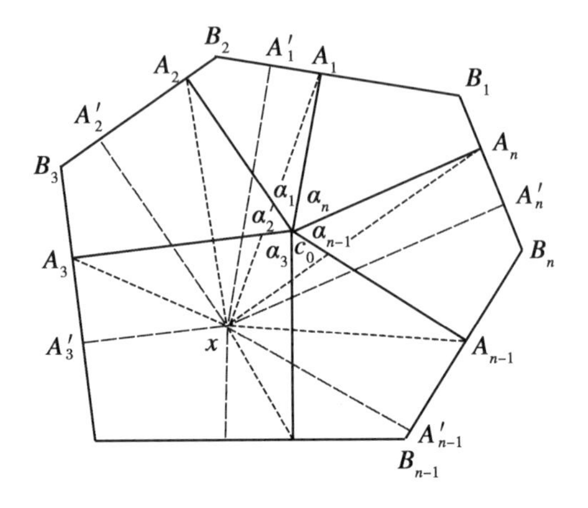

图 197

定理 10 设 $A_1A_2\cdots A_n$ 为凸多边形,如果存在 $x=c_0$,满足条件

$$\frac{p_i}{m_i}=M(\text{常数})\quad (i=1,2,\cdots,n) \tag{25}$$

其中 $m_i=\sin\alpha_{i-1}-\sin(\alpha_i+\alpha_{i+1})+\sin\alpha_{i+2},\alpha_0=\alpha_n,\alpha_{n+1}=\alpha_1,\alpha_{n+2}=\alpha_2$. 那么 c_0 就是加权点组($A_1(p_1),A_2(p_2),\cdots,A_n(p_n)$)的费马点.

为了证明,分别过 $A_1,\cdots,A_n$ 作 $c_0A_1,\cdots,c_0A_n$ 的垂线,得 n 边形 $B_1\cdots B_n$(图 197). 设 x 是其内任一点,作 $xA_i'\perp B_iB_{i+1}(i=1,2,\cdots,n)$,那么由定理 9 知

$$\sum_{i=1}^{n}c_0A_i\cdot m_i=\sum_{i=1}^{n}xA_i'\cdot m_i=\text{定值}$$

这里 $m_i=\sin\alpha_{i-1}-\sin(\alpha_i+\alpha_{i+1})+\sin\alpha_{i+2}=\sin B_{i-1}+\sin(B_i+B_{i+1})+\sin B_{i+2}(i=1,\cdots,n),B_0=B_n,B_{n+1}=B_1,B_{n+2}=B_2$. 又 $xA_i\geqslant xA_i',p_i>0(i=1,\cdots,n)$,由式(25)得

$$\sum_{i=1}^{n} xA_i \cdot p_i \geqslant \sum_{i=1}^{n} xA_i' \cdot p_i = M\sum_{i=1}^{n} xA_i' \cdot m_i$$

$$= M\sum_{i=1}^{n} c_0A_i \cdot m_i = \sum_{i=1}^{n} c_0A_i \cdot p_i$$

即 c_0 为 $(A_1(p_1),\cdots,A_n(p_n))$ 的费马点.

同样可推出式(25)成立的必要条件

$$p_i + p_{i+1}\cos\alpha_i + \cdots + p_{i+(n-1)}\cos(\alpha_i + \alpha_{i+1} + \cdots + \alpha_{i+(n-1)}) = 0$$
$$(i = 1,2,\cdots,n, i+k = j(\bmod n)) \qquad (26)$$

这是二维费马问题的一般定理. 如果 $p_1 = p_2 = \cdots = p_n$,则式(25)成为

$$\begin{cases} \sin\alpha_1 - \sin(\alpha_2+\alpha_3) + \sin\alpha_4 = m \\ \sin\alpha_2 - \sin(\alpha_3+\alpha_4) + \sin\alpha_5 = m \\ \qquad\vdots \\ \sin\alpha_n - \sin(\alpha_1+\alpha_2) + \sin\alpha_3 = m \end{cases} \qquad (27)$$

$$(\alpha_1 + \alpha_2 + \cdots + \alpha_n = 360°, 0 < \alpha_i < 180°)$$

例如 $n = 3$ 时,解出 $\alpha_1 = \alpha_2 = \alpha_3 = 120°$;$n = 4$ 时,式(27)给出 $\alpha_1 = \alpha_3, \alpha_2 = \alpha_4$ 与通常结果一致.

三维费马问题 我们只考虑四点的情况. 为此,先把维维安尼定理推广到空间.

定理11 正四面体内任一点到四个面的距离之和为定值. 这定值就是正四面体的高.

以 $\rho_1,\rho_2,\rho_3,\rho_4$ 分别表示正四面体 $ABCD$ 内任一点 x 到各面的距离(图198),ρ 和 s 分别表示四面体的高和一个面的面积. 联结 xA,xB,xC,xD,则四面体被分为四个三棱锥,因此

$$\frac{1}{3}s\rho_1 + \frac{1}{3}s\rho_2 + \frac{1}{3}s\rho_3 + \frac{1}{3}s\rho_4 = \frac{1}{3}s\rho$$

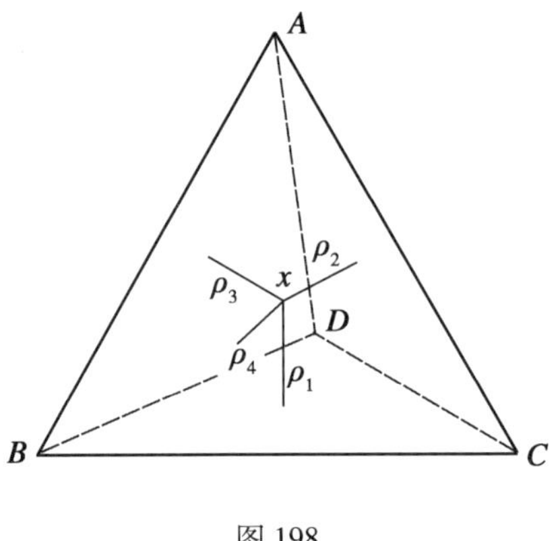

图 198

约去$\frac{1}{3}s$,即得

$$\rho_1+\rho_2+\rho_3+\rho_4=\rho$$

我们还需要如下命题,读者是很容易证明的.

引理 所有二面角均相等的四面体,是正四面体.

定理 12 A,B,C,D 为空间四点,如果存在点 c_0 同每两点所张的角相等(这角等于 $2\arccos\frac{\sqrt{3}}{3}$),那么 c_0 到这四点的距离之和最小,即 c_0 为点组(A,B,C,D)的费马点.

过 A,B,C,D 分别作 c_0A,c_0B,c_0C,c_0D 的垂面(图 199),则四个平面两两相交构成的二面角,分别与 c_0 同 A,B,C,D 张的六个角互补,因此均相等. 由引理知构成正四面体 $A^0B^0C^0D^0$. 设 x 为其内任意一点,作各面垂线 xA_1,xB_1,xC_1,xD_1,联结 xA,xB,xC,xD,由垂线的最小性得

$$\begin{aligned}f(x)&=xA+xB+xC+xD\\&\geqslant xA_1+xB_1+xC_1+xD_1\end{aligned}\tag{28}$$

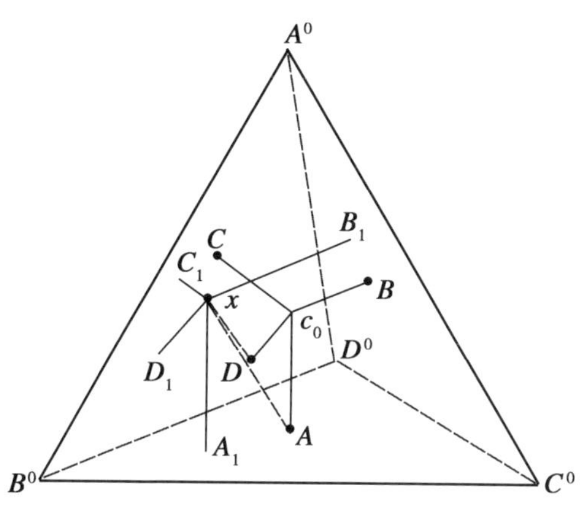

图 199

但由定理 11,知

$$\begin{aligned} & xA_1 + xB_1 + xC_1 + xD_1 \\ = & c_0A + c_0B + c_0C + c_0D = f(c_0) \end{aligned} \tag{29}$$

结合式(28),(29)即得

$$f(x) \geqslant f(c_0) \tag{30}$$

其中等式当且仅当 $x = c_0$ 时成立. 所以 c_0 为点组(A, B,C,D)的费马点.

下面的定理是法斯宾德尔定理在空间的推广,可以类似地加以证明.

定理 13　$A_1B_1C_1D_1$ 是四面体 $ABCD$(其六个二面角均小于 $\pi - 2\arccos\frac{\sqrt{3}}{3}$)的任意外接正四面体,$\rho$ 是 $A_1B_1C_1D_1$ 的高. c_0 是 $ABCD$ 的费马点,那么

$$\rho \leqslant f(c_0) \tag{31}$$

结合式(30),(31),有

$$\rho \leqslant f(c_0) \leqslant f(x) \tag{32}$$

可见,到 A,B,C,D 距离之和的极小值 $f(c_0)$,同时也是四面体 $ABCD$ 的外接正四面体高的极大值.

我们指出,维维安尼定理、卡瓦列利定理和法斯宾德尔定理均可推广到 n 维单纯形上去.

一般费马问题 已知 m 个点 $A_i=(a_{i1},a_{i2},\cdots,a_{in})$ 和 m 个正数 p_i(称为权),对于任一点 $x=(x_1,x_2,\cdots,x_i)$ 令

$$d_i(x)=\sqrt{\sum_j (x_j-a_{ij})^2},i=1,2,\cdots,m$$

问题在于求一点 c_0,使 $f(x)=\sum_i d_i(x)p_i$ 在 $x=c_0$ 达到极小.

可以证明,如果 A_i 是非共线的,那么 $f(x)$ 是 x 的凸函数,这时,$f(x)$ 有唯一的极小点,即费马点 c_0.

习　　题

1. 求证:凸图形必为连续统.

2. 已知正四面体的两个顶点 $(0,0,0)$,$(1,0,0)$,且四面体有一个面在 xOy 平面上. 求另外两个顶点坐标及外接球方程.

3. 已知 $A(1,2,3)$,$B(-1,0,5)$. 求 AB 垂直平分面的方程.

4. 试证:在 n 维空间中,至多有 $n+1$ 个点两两距离相等.

5. 试对四维空间的六种正多面体验证欧拉－庞加莱公式 $d_0-d_1+d_2-\cdots+(-1)^{n-1}d_{n-1}=1+(-1)^{n-1}$.

6. n 维单纯形共有多少条棱? 共有多少个二维面

和三维面？n 维单纯形共有多少个元素（顶点即零维面，棱即一维面，二维面，三维面，…，$n-1$ 维面，n 维体即它本身）？试对它检验欧拉－庞加莱公式.

7. 求棱长为1的 n 维单纯形的二维面和三维面面积.

8. 试证：斯潘纳尔引理 $2'$.

9. 试证：n 维情形下的波尔－布劳维尔不动点定理.

10. 试仿照§36例1举出一个正方形 $S: |x|\leqslant 1, |y|\leqslant 1$ 到正方形 S 的连续变换，并求其不动点.

11. 应用解析法证明维维安尼定理.

12. 设△ABC 三个内角均小于120°，在其三边上分别向外作正△BCA'，△CAB'，△ABC'. 试证三条西姆松线 AA'，BB'，CC'满足：

1）必交于一点 c_0，且 c_0 符合卡瓦列利定理的条件；

2）三条西姆松线相等.

13. 试证：等腰三角形中平行于底边的线段上的任一点，到这三角形三边距离之和为定值 $h_b+\left(\frac{b}{a}-1\right)h'_a$，其中 h_b 是腰 b 上的高，h'_a是线段到底边 a 的距离.

14. 试证：所有二面角均相等的四面体是正四面体.

15. 由同一点引出的四条射线，如果每两条夹角相等，试证它们的大小为 $2\arccos\frac{\sqrt{3}}{3}$.（提示：考虑正四面体）

16. 正三棱锥底面边长为 a,侧棱为 b,求其费马点到底面的距离.

17. 证明:平行六面体和正 $2n$ 棱柱的费马点是它的中心.

18. 证明:正 n 边形的中心就是它的费马点;中心对称多边形(不必是凸的)的中心就是费马点.

19. 证明 §38 的定理 13.

◎编辑手记

本书的编译者是一位年近八旬的老者,一生痴迷于初等数学研究.这样的人生选择,不禁让人想起美国诗人弗罗斯特的那首著名的诗歌《未选择的路》,在诗中,弗罗斯特这样写道:

黄色的树林里分出两条路,
可惜我不能同时去涉足,
我在那路口久久伫立,
我向着一条路极目望去,
直到它消失在丛林深处.
但我却选了另外一条路,
它荒草萋萋,十分幽寂,
显得更诱人,更美丽;
虽然在这条小路上,
很少留下旅人的足迹.

那天清晨落叶满地，
两条路都未经脚印污染.
啊，留下一条路等改日再见！
但我知道路径延绵无尽头，
恐怕我难以再回返.
也许多少年后在某个地方，
我将轻声叹息将往事回顾：
一片树林里分出两条路——
而我选择了人迹更少的一条，
从此决定了我一生的道路.

是的，人生只有一次，究竟应该怎样渡过这看似漫长实则短暂的一生，本质上是一个选择的问题. 是选择钟鸣鼎食，飞黄腾达，还是选择青灯黄卷，潜心学术，这是一种人生智慧. 智德在评介叶辉《香港文学评论精选——新诗地图私绘本》时曾这样说："香港新诗不论在任何时代，都拥有最多最无名的诗人，或者说在香港写诗，就几乎自动成为无名诗人."

在内地搞初等数学研究的人命运与香港诗人一样，只要一动笔便自动成为无名作者，被除自己之外的所有人遗忘. 中国初等数学研究会号称有 2 万多名会员，但在全国名气很小，杨老先生作为前会长也少被圈外人知晓. 从经济学的角度看，这里面有一个机会成本问题. 如果你选择了初等数学研究就注定与升官发财、出人头地无缘了，所以这一行中大多是"淡定叔"与"淡定哥". 人生的定位其实与企业的定位一样，十分困难却十分重要. 而且选择的是否正确要多年之后才见分晓，不过那时一切已成定局. 以大家都感兴趣的企业为例，定位问题也是一个企业的关键问题. 最早由美国人杰克·特劳特(Jack Trout)在40多年前提出,定位准确这是一个成功企业的必要条件,有之未必行,无之必不行.一个案例是在2008年金融风暴中险些破产的美国国际集团(AIG)就是没有听从特劳特的建议将自己定位成"美国劳合社"(劳合社(Lloyd's)是英国最大的保险组织,也是世界最大的保险交易市场),而是试图为所有客户提供所有产品——这是定位理论的大忌,从此埋下祸根.

除了目标笃定,内心淡定之外,杨老的另一个品质是"认真".

中国第一个拿到哈佛大学经济学博士学位的张培刚先生曾写过一副对联,展示了自己微妙的处世哲学,"认真,但不能太认真,应适时而止;看透,岂可以全看透,须有所作为".但对杨老来说,优点是认真,"缺点"是太认真.本书的校样寄给杨老后,杨老不顾年老体弱逐字逐句进行了修改,从这件事上体现了杨老一丝不苟、认真细致的治学态度,并且我们可以从中感受到身处其中的杨老的幸福感.

德国古典哲学家费尔巴哈说:"一切健全的追求都是对于幸福的追求."

当今社会物质丰富,精神匮乏,在一心追逐财富的道路上全力飞奔的人们终于在精疲力尽之后猛然发现美感的丢失和幸福感的下降.灯红酒绿、纸醉金迷之中人们恍惚还记得曾经有过的恬淡之美、研究之美、专注之美、抽象之美,一个健全的社会,一个洋溢着幸福的社会,一定是一个充满着多样性的社会.

马尔库塞在《单向度的人》中说,发达工业社会成功地压制了人们内心的否定性、批判性、超越性的向度,使社会成为单向度的社会,而生活于其中的人成了单向度的人,这种人丧失了自由和创造力,不再想象或追求与现实生活不同的另一种生活.

杨老既是一位高尚的、纯粹的、脱离了低级趣味的人,同时又是充满了人生乐趣,找到了一生挚爱的人.

2006 年,前美联储理事,哥伦比亚大学教授米什金收了冰岛商务部 17 万美元,替其撰写了一篇《论冰岛金融的稳定性》,然而不出几年,冰岛政府宣布破产. 于是,他便在自己简历里将这一著作改成了《论冰岛金融的不稳定性》.

一切社会科学包括貌似严谨的经济学、金融学都逃脱不了朝秦暮楚式的变来变去,这个时候以超稳定著称的数学便可流芳千古了,但这部书绝不会成为畅销书.

旅居美国 60 年的文学评论家董鼎山曾发现了一个有趣的现象:连畅销书也不一定有读者,他举例芝加哥大学的哲学教授艾伦·布鲁姆在 1987 年写的《美国精神的封闭》,布鲁姆凭借此书扬名世界,但此书虽畅销国际,但真正读完者却不多.

董鼎山把这种现象归于知识分子读者群(有异于一般读者)对自我形象的抬举. 他们购了书在书架上炫耀,却没有时间或耐心通读一本深奥的名著.

这部书也绝不是迎合读者的"媚俗之作".

台湾著名舞台剧导演赖声川认为,如何准确猜测市场其实是最大的陷阱,创作者内心的那个东西反而是最重要的,"你来看我的戏,并没事先说你要看什么,而是我给你看什么,两者的关系是反过来的."

这部书就像一座初等数学研究的山峰,不论你读与不读,它都在那里!

刘培杰

2017 年 9 月 20 日

于哈工大